DER MOND

Mystische Geheimnisse
und wissenschaftliche Fakten

Für Mia, die ich liebe – bis zum Mond und zurück …
und für Mike, der unser leuchtender Lichtstrahl ist.
~ H.P.

Für Opa und Ella.

~ T.H.

DER MOND

von
Hannah Pang

Illustrationen von
Thomas Hegbrook

Aus dem Englischen
von E.M. Hofmann

Inhalt

Der Mond ist der erste Meilenstein auf dem Weg zu den Sternen.

– Arthur C. Clarke, Autor

Schon seit vielen Tausend Jahren schaut der Mensch mit Ehrfurcht und Bewunderung zum Mond. Dieser wunderbare Himmelskörper hat Generationen von Geschichtenerzählern, Dichtern und Wissenschaftlern sowie Musiker, Mathematiker und Träumer inspiriert …

Der Mond war immer eine feste Konstante am nächtlichen Himmel, dennoch hat sich unsere Sicht auf ihn ständig verändert: Mal dachten die Menschen, es gäbe dort einen Gott, dann glaubte man, er sei von einem Meer bedeckt – oder sogar von Pflanzen bewachsen!

In diesem Buch wollen wir herausfinden, warum der Mond bis ins heutige 21. Jahrhundert hinein eine beständige Quelle der Faszination, gedanklicher Höhenflüge und der Forschung ist. Wir werden erkunden, wie sehr der Mond unser Leben auf der Erde beeinflusst. Wir untersuchen einige seiner Mythen und Legenden und versuchen, Fakten und Fiktion zu trennen.

KAPITEL **EINS**

Vor vielen Monden

Die Sonne
(ein Stern)
Der
Mond
Die Erde
(ein Planet)

Ein Mond oder ein Planet?

Unser Mond ist nicht der einzige! Tatsächlich gibt es in unserem Universum sehr viele Monde. Und es gibt auch unzählige Planeten. Wann ist nun ein Mond ein Mond? Und wann ein Planet ein Planet?

Sowohl Monde als auch Planeten können aus einer Mischung aus Gestein und Metall bestehen, aber es gibt einen bedeutenden Unterschied:

Monde umkreisen Planeten. Und Planeten umkreisen Sterne.

Zum besseren Verständnis sollten wir dabei an unseren eigenen Planeten, die Erde, denken und an ihre Relation zum Mond und zur Sonne (die nämlich ein Stern ist, oder besser: ein großer Gasballon).

Im 3. Jahrhundert v. Chr. stellte der griechische Astronom Aristarch von Samos die These auf, dass der Planet Erde um die Sonne kreist. Bis dahin hatten die Menschen geglaubt, dass die Sonne, der Mond, die Sterne und alle Planeten um die Erde kreisen. Die Menschen waren wirklich der Überzeugung, dass sich alles um unsere Erde dreht! Es brauchte eine ganze Weile, bis dem griechischen Astronomen geglaubt wurde, aber schließlich wurde seine Idee akzeptiert.

Im Laufe der Jahre wurde den Sternforschern auch bewusst, dass die Sonne sich nicht im Zentrum des Universums befindet, obwohl sie das Zentrum unseres Sonnensystems darstellt. Der Begriff „Solar system" (Sonnensystem) wurde um 1704 erstmalig im Englischen verwendet. Als Sonnensystem bezeichnen wir die acht Planeten, deren Monde sowie Asteroiden, Kometen und Weltraumschrott, die alle um unsere Sonne kreisen.

Also: die Erde kreist um die Sonne! Dafür braucht sie 365 Tage, oder besser gesagt: ein Jahr.

Dank Isaac Newton haben wir gelernt, dass der Mond sich um die Erde bewegt. Der englische Mathematiker und Physiker hat als Erster in den 1660er-Jahren berechnet, dass die Schwerkraft den Mond im Orbit um unseren Planeten hält – und dass er 27,32 Tage für eine volle Umrundung der Erde benötigt.

So alt wie die Welt?

Wo kommt der Mond eigentlich her?

Ist der Mond zur selben Zeit entstanden wie die Erde – aus Wolken von Gas und Staub? Galileo Galilei konnte mit seinem Teleskop erkennen, dass es auf dem Mond Berge und Täler gibt, genau wie auf der Erde. Aber haben sie sich deshalb auch ungefähr zur selben Zeit gebildet?

Ein Teil von uns?

War der Mond ursprünglich ein Teil der Erde, der sich einfach nur von ihr gelöst hat? Im 19. Jahrhundert vermutete George Darwin, der Sohn des berühmten englischen Naturforschers und Geologen Charles Darwin, dass sich die Erde in ihrem frühen Stadium sehr schnell gedreht haben könnte – und dass dabei ein Teil von ihr in das Weltall geflogen sei und den Mond bildete. Er glaubte auch, dass sich der Pazifische Ozean als Folge dieses Ereignisses gebildet hätte.

Die Erdanziehung

In den frühen 1950er-Jahren mutmaßte der amerikanische Wissenschaftler Harold Urey, dass der Mond sich an anderer Stelle im Sonnensystem gebildet hatte und irgendwann von der Erdanziehung eingefangen wurde. Wenn solche Objekte eingefangen werden, verringert sich ihre Rotationsgeschwindigkeit. Das würde heißen, dass die Erde die Drehung des Mondes soweit abgebremst haben müsste, dass sie zu der Geschwindigkeit der Erdumrundung passte. Deshalb würden wir auch immer nur eine seiner Seiten sehen.

Es gibt jedoch auch Gegenstimmen zu diesen Theorien. Der Mond besteht aus Material, das dem unserer Erde sehr ähnlich, aber nicht identisch ist. Manche sagen auch, es gäbe nicht genügend fossile Beweise, dass der Mond aus der Erde entstanden ist oder beide zur gleichen Zeit gebildet wurden. Andere wiederum bezweifeln, dass sich der Mond nur aufgrund der Schwerkraft zu einer bestimmten Zeit verlangsamt hätte. Und warum eigentlich ist er nie mit der Erde zusammengestoßen?

Der große Knall

Es gibt bisher keine bewiesenen Theorien dazu, was wirklich passiert ist, aber fast alle Wissenschaftler sind sich einig, dass der Mond einen feurigen Ursprung hatte. William Hartmann und Donald Davis vom Planetary Science Institute in Arizona haben 1975 eine neue Theorie aufgestellt:

Vor etwa 4,5 Milliarden Jahren gab es einen wandernden Planeten, Theia, der etwa halb so groß wie die Erde war. Dieser mäanderte umher und stieß mit unserem Planeten zusammen. Durch die verheerende Explosion wurden große Felsbrocken von beiden Planeten mit hoher Temperatur verdampft. Gas, Gestein und Staub kreisten dann im Orbit der Erde, kühlten sich schnell ab und wurden durch die Schwerkraft zu einer Kugel zusammengepresst. So entstand der Mond.

Was wir wissen

Der Mond umkreist Tag für Tag die Erde – ein immer wiederkehrendes Bild am Himmel, das sich zugleich ständig verändert … Aber was wissen wir wirklich über den Mond?

Wir wissen, dass er etwa 4,5 Milliarden Jahre alt ist. Und wie groß ist er eigentlich? Vor etwas mehr als 2.300 Jahren hat Aristarch von Samos berechnet, wie lange der Mond braucht, bis er den Erdschatten durchquert hat – so fand er heraus, wie groß die Durchmesser von Erde und Mond sind. Der Mond ist kleiner als die Erde, hat ungefähr ein Viertel ihres Durchmessers, ist aber dennoch der fünftgrößte der 181 bekannten Monde in unserem Sonnensystem. Der Durchmesser beträgt etwa 3.476 km, der Umfang an seinem Äquator ungefähr 10.921 km. Er hat eine Oberfläche von etwa 38 Millionen Quadratkilometern.

Gute Nachbarn?

Natürlich sind Erde und Mond Nachbarn, aber sie sind sehr unterschiedlich. Unser Planet Erde ist ziemlich „aktiv" durch seine tektonischen Platten, die ständig in Bewegung sind. Tektonische Platten sind Schichten in der Erdkruste, die immer mal wieder zusammenstoßen, wodurch Berge, Vulkane und Erdbeben entstehen.

Ganz im Gegensatz dazu ist der Mond eine leblose Gesteinskugel ohne Luft – bedeckt von einer dicken Staubschicht. Es gibt dort keine Atmosphäre und auch kein Wetter, sodass die Oberfläche des Mondes seit mehr als einer Milliarde Jahren unverändert ist. Zu dieser Zeit sind die meisten seiner Vulkane erloschen und auch die Asteroiden wurden seltener! Tatsächlich werden die Fußabdrücke der zwölf Apollo-Astronauten, die den Mond zwischen 1969 und 1972 betreten haben, heute noch da sein und vermutlich auch noch in einer Milliarde Jahren.

Wie eine Atmosphäre entsteht

Die Schwerkraft der Erde ist stark genug, um eine riesige Gaswolke, die Atmosphäre, festzuhalten, dabei bildet sich die richtige Kombination von Druck und Temperatur, wodurch sich wiederum die Meere bewegen können.

Aber der Mond besitzt nur ein Sechstel der Schwerkraft der Erde, wodurch seine Atmosphäre sehr dünn ist. Dies bedeutet, dass jegliches Wasser im All verdunstet und nur Trockenheit auf dem Mond herrscht – abgesehen von ein paar Eisfeldern an den nördlichen und südlichen Polen.

Die Atmosphäre des Mondes ist so dünn, dass es keinerlei Schutz vor der Hitze am Tag oder der Kälte bei Nacht gibt. Die Temperaturen können dort auf +123 °C steigen oder bis zu -233 °C fallen. Brrrr …

Mit beiden Füßen auf der Erde

Was ist denn eigentlich die Schwerkraft? Schwerkraft ist eine unsichtbare Anziehungskraft, die Dinge zusammenhält. Je größer die Masse eines Objekts (also die Menge an Materie oder physischer Substanz, die es enthält), desto größer ist auch die Anziehungskraft. Auf der Erde bewirkt die Schwerkraft, dass wir mit beiden Füßen auf dem Boden bleiben. Im Weltall jedoch sorgt die Schwerkraft dafür, dass Planeten in ihrer Umlaufbahn um die Sterne kreisen und dass der Mond in seinem Orbit um unseren Planeten bleibt …

Man sagt, dass Isaac Newton auf seine Theorie der Schwerkraft kam, als ein Apfel vom Baum fiel und ihn am Kopf traf. Wahrscheinlich ist ihm aufgefallen, dass der Apfel schneller wurde, als er aus einer ruhenden Position nach unten fiel. Um zu beschleunigen oder schneller zu werden, muss eine Kraft auf ein Objekt einwirken: in diesem Falle war es die Schwerkraft. Newton konnte nachweisen, dass die Kraft, die den Apfel zu Boden zieht, die gleiche war wie die Kraft, die den Mond in seiner Umlaufbahn um die Erde kreisen lässt.

Schwerkraft auf

dem Mond

Die Schwerkraft wird durch den Luftwiderstand beeinflusst, also den „Zug“, den die Reibungskraft der Luft auf ein Objekt ausübt. Wenn sich ein Objekt hier auf der Erde bewegt, dann wird es durch den Luftwiderstand gebremst. Je schneller sich ein Objekt bewegt, desto größer der Luftwiderstand. Da aber der Mond auf seiner Oberfläche eine viel geringere Schwerkraft besitzt als die Erde und auch keinen Luftwiderstand, können sich Objekte viel weiter bewegen als auf der Erde – das konnte der amerikanische Astronaut Alan Shepard im Jahr 1971 zeigen, als er einen Golfball einige Hundert Meter über den Mond schlug!

Raven oder Wie das mit den Gezeiten begann

Eine Legende der Tlingit (ein Indianervolk Nordamerikas)

Vor langer Zeit, als die Welt noch jung war, lebte Raven (der Rabe) mit seinem Volk am Ufer des Großen Wassers. Die Menschen lebten von dem, was vom Wasser angespült wurde, aber sie waren nicht in der Lage, in das Große Wasser hinauszugehen, denn es war zu tief und es gab weder Ebbe noch Flut.

Raven war stets hungrig und verspeiste mit Genuss, was er am Strand fand. Mit der Zeit jedoch gab es immer mehr und mehr Menschen, und Raven machte sich Sorgen, dass nicht mehr genug Nahrung für alle da war.

Dann fiel Raven in einen sehr tiefen Schlaf. In seinem Traum begegnete er einem Großen Geist, der zu ihm sagte: „Raven, ich habe gesehen, dass deine Leute nicht genug zu essen haben. Am Ende des Großen Wassers, am Ende der Welt, gibt es eine Höhle. In dieser Höhle lebt eine alte Frau, die das Gezeitenband besitzt. Sie kontrolliert, wann das Wasser steigt oder fällt. Sie hütet dieses Band sehr gut. Wenn es dir gelingt, dass sie das Band loslässt, wird das Wasser zurückgehen und deine Leute werden in der Lage sein, Nahrung aus dem Großen Wasser zu erhalten, von dort, wo das Land sonst vom Wasser bedeckt ist. Du musst also einen Weg finden, die alte Frau auszutricksen, damit sie das Band loslässt."

Als Raven wieder erwachte, wusste er genau, was zu tun war. Er flog vier Tage und Nächte, bis er schließlich die Höhle am Rande des Großen Wassers erreichte. Raven fand die alte Frau, die das Band fest in den Händen hielt.

Er stolzierte vor der Höhle auf und ab und rieb sich genüsslich den Bauch. „Mmh, diese Muscheln waren ja so lecker!", rief er. Die alte Frau konnte Raven hören und rief ihm zu: „Raven! Wo hast du die Muscheln gefunden?" Raven aber antwortete nicht, sondern schritt weiter vor der Höhle auf und ab, rieb sich den Bauch und prahlte mit den Muscheln. Die Frau lugte aus der Höhle hinaus und fragte erneut: „Raven! Wo hast du die Muscheln gefunden?"

Aber Raven antwortete ihr immer noch nicht. Stattdessen schritt er weiter vor der Höhle auf und ab und rief: „Mmh, ich wünschte, ich hätte noch mehr davon!" Die alte Frau beugte sich noch weiter hinaus und wie ein Blitz warf Raven ihr Sand in die Augen. Fast blind versuchte sie, den Sand wegzuwischen, und dabei ließ sie das Band los!

Das Wasser zog sich zurück und gab dabei weite Teile von dem Großen Wasser frei. Raven flog nach Hause und träumte von all den leckeren Dingen, die er bald essen würde. Sein Volk war überglücklich, und man veranstaltete ein großes Fest.

Eine ganze Weile lebten die Menschen von all den guten Sachen aus dem Großen Wasser. Aber dann geschah etwas Schreckliches. Viele der Lebewesen des Großen Wassers begannen zu sterben. Sie wurden an den Strand gespült und verrotteten dort und stanken. Die Leute gingen zu Raven und baten ihn um Hilfe.

Also flog Raven wieder vier Tage und Nächte zurück zu der alten Frau in der Höhle. Als Raven dort ankam, fand er die alte Frau, die immer noch versuchte, den Sand aus den Augen zu kriegen. „Raven", rief sie, „bist du das? Du hast mich reingelegt! Hilf mir, den Sand aus den Augen zu bekommen und das Gezeitenband zu finden!"

Raven sagte: „Ja, ich habe dich ausgetrickst, damit du das Band loslässt, damit das Wasser zurückgeht und wir Nahrung im Großen Wasser finden. Aber jetzt sterben die Lebewesen aus dem Großen Wasser und mein Volk hat nichts zu essen. Wenn ich dir nun helfe, wirst du mir dann auch helfen und das Band gelegentlich loslassen? Dann können wir immer wieder gute Nahrung aus dem Großen Wasser holen. Und die Lebewesen des Großen Wassers werden nicht sterben, weil sie ausreichend Wasser haben."

Die alte Frau stimmte sofort zu. Also entfernte Raven den Sand aus ihren Augen und gab ihr wieder das Gezeitenband. Von diesem Tag an lässt die Frau das Band immer mal wieder los, damit das Wasser sich zurückziehen kann. Dadurch hatte Ravens Volk genug zu essen, wofür es sich bei ihm bedankte. Und das ist die Geschichte zur Entstehung der Gezeiten.

Die Kraft der Gezeiten

Ebenso wie die Schwerkraft der Erde den Mond in seiner Umlaufbahn hält, so wirkt auch die Schwerkraft des Mondes auf die Erde. Durch sie wölben sich die Ozeane nach außen und es entstehen die Gezeiten. Das Meer, das dem Mond direkt zugewandt ist, wölbt sich aufgrund der Schwerkraft des Mondes in dessen Richtung. Das Meer auf der entgegengesetzten Seite wölbt sich auch, weil der Mond die Erde dort sanft vom Wasser wegzieht. Da sich die Erde innerhalb von 24 Stunden einmal um ihre eigene Achse dreht, bewegen sich die Wassermassen alle zwölf Stunden – das heißt, wir haben zwei Mal am Tag Ebbe und zwei Mal Flut.

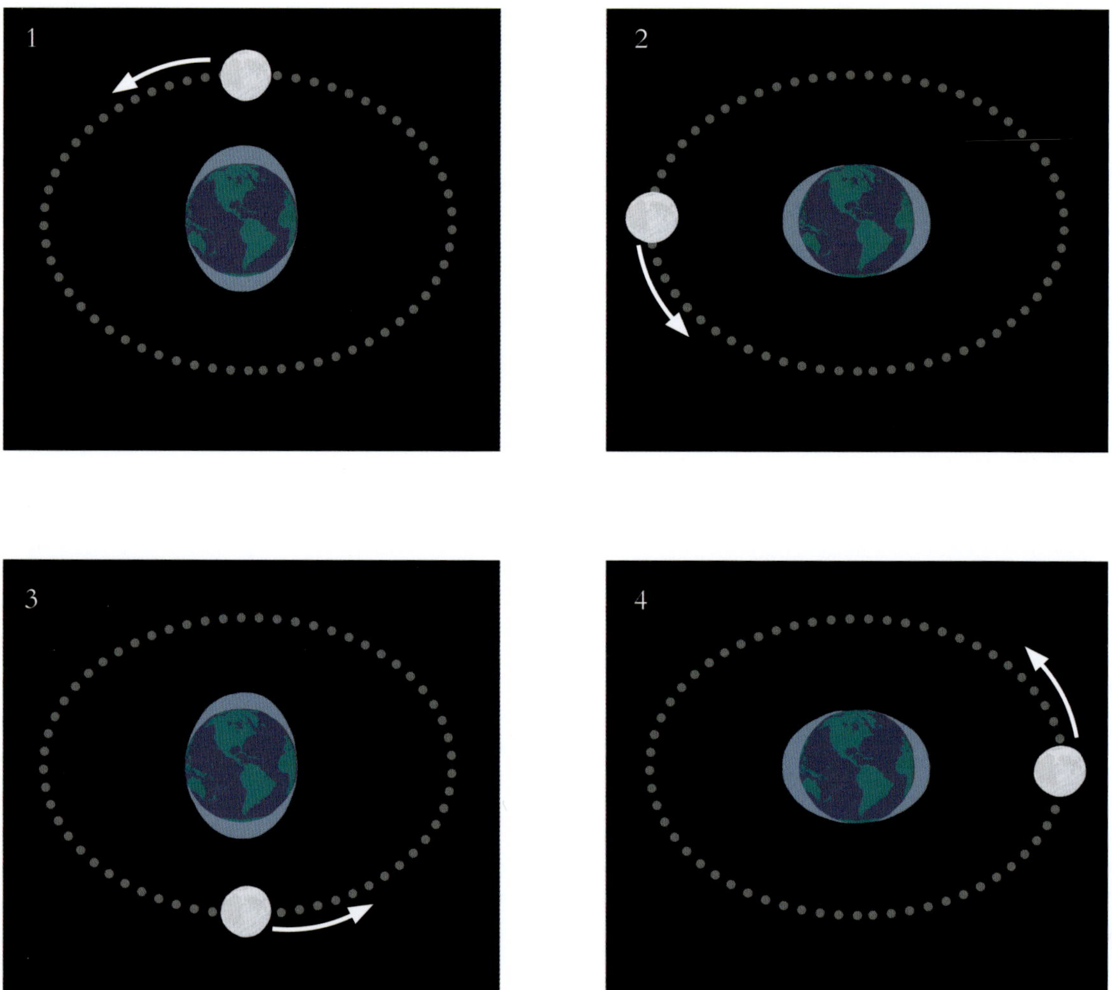

Springflut, das kann man sich gut merken, wenn man an „vorwärts springen“ denkt. Eine Springflut gibt es dann, wenn das Wasser höher oder niedriger „springt“. Wie der Mond beeinflusst auch die Sonne unsere Erde und ihre Ozeane - jedoch nicht mit der gleichen Stärke, weil sie viel weiter entfernt ist. Während eines Vollmondes stehen Sonne, Mond und Erde in einer Linie, so dass auch die Sonne mit ihrer Schwerkraft Einfluss auf die Gezeiten hat, wodurch die Ebbe niedriger ausfällt und die Flut höher ist.

Zur Nipptide kommt es sieben Tage nach einer Springflut – dann sind die höchsten Wellen etwas niedriger und die Ebbe ist stärker als im Durchschnitt. Die Nipptide (auch Nippflut genannt) entsteht, weil Sonne und Mond im rechten Winkel (90 Grad) zueinander stehen. Wenn beide zu dem Zeitpunkt aus derart verschiedenen Winkeln an der Erde ziehen, heben sich ihre Schwerkräfte auf, und die Wölbung der Meere fällt etwas geringer aus.

Der Mond ist im Durchschnitt etwa 384.400 km von der Erde entfernt.
Die größte Entfernung beträgt 405.696 km, die kürzeste 363.105 km.

So nah und doch so fern

Wir wissen nun also, dass der Mond die Erde umkreist, aber habt Ihr gewusst, dass seine Umlaufbahn nicht rund ist? Sie ist vielmehr ein Oval. Aus diesem Grund ist der Mond manchmal näher an der Erde und manchmal weiter weg.

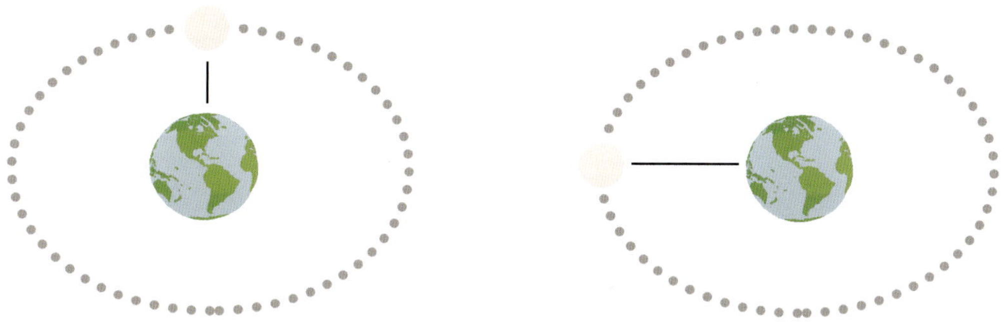

Es ist bekannt, dass der Mond die Erde in 27,32 Tagen einmal umrundet, und er braucht etwa genauso lange, um sich einmal um seine eigene Achse zu drehen. Die Geschwindigkeit, mit der er sich um die eigene Achse dreht, ist also fast genauso groß wie die Geschwindigkeit, mit der er die Erde umkreist. Und das ist auch der Grund, warum wir immer nur eine Seite des Mondes sehen.

Die Zeit, in der der Mond sich einmal um seine Achse dreht, bezeichnen wir als Mondtag. Also ist ein Tag auf dem Mond etwa so lang wie ein Monat auf der Erde!

Von „Moone" zu „Moon"

Das englische Wort „Moon“ stammt ursprünglich aus dem Altenglischen: *mōna*, was Monat bedeutet. Das zeigt uns, wie sehr die Menschen bereits damals den Mond und die Zeit miteinander in Verbindung gebracht haben. Sicher gibt es noch andere Sprachen mit ähnlichen Beispielen. Im 15. Jahrhundert verwendeten Englisch sprechende Leute den Begriff „Moon“, aber sie schrieben oft „Moone“.

Bringen wir mal Licht ins Dunkel

Man könnte denken, dass der Mond am Himmel leuchtet. Natürlich ist das nur scheinbar so. Das Licht, das der Mond abstrahlt, ist eine Reflexion des Sonnenlichts. Etwa 510–428 v. Chr. lebte der griechische Philosoph Anaxagoras, und es ist überliefert, dass er dies als erster Mensch herausgefunden hat. Allerdings glaubte er auch, dass die Erde eine Scheibe sei, aber man kann ja nicht alles wissen …

Wenn der Mond die Erde umkreist, scheint er zu bestimmten Zeiten seine Form zu verändern, denn dann strahlt ihn mehr Sonnenlicht an, und wir können ja nur die Teile sehen, auf die das Sonnenlicht trifft. Das bezeichnen wir auch als „Mondphasen" – also die verschiedenen Phasen oder Formen, die wir im Laufe eines Monats von ihm sehen. Von der Erde aus können wir verschiedene Bereiche der uns zugewandten Seite erkennen, je nachdem, wo sich der Mond auf seiner Umlaufbahn befindet.

Wenn Ihr Euch auf der erdnahen Seite des Mondes befinden würdet, könntet Ihr Erdphasen sehen, so wie die Mondphasen: völlige Dunkelheit, zunehmend, die Vollerde und wieder zurück. Aber der Anblick der Erde würde sich durch ihre Drehung ständig verändern.

Der Mond braucht ungefähr 29,5 Tage von einem Neumond zum nächsten – das nennen wir den synodischen Monat. Jedoch braucht der Mond nur 27,32 Tage, um die Erde einmal zu umrunden (das ist der siderische Monat). Das ist so, weil die Erde sich ständig auf ihrer Umlaufbahn um die Sonne bewegt, und der Mond muss sich ebenfalls dauernd bewegen, um von einem Neumond zum nächsten zu kommen – das heißt, er spielt in gewisser Weise „Fangen" mit der Erde.

Manchmal sehen die Mondhälften zu verschiedenen Zeiten unterschiedlich aus – das passiert, weil der Mond gelegentlich leicht „vor- und zurücktaumelt" und wir ihn dadurch aus einem anderen Winkel sehen – diese Bewegung heißt Libration.

1. *Neumond*
Die Rückseite des Mondes zeigt zur Sonne. Die uns zugewandte Seite befindet sich in der Dunkelheit und wir können den Mond von der Erde aus nicht sehen.

2. *Zunehmende Mondsichel*
Der Mond nimmt zu (er scheint zu wachsen), da wir einen Teil der erdnahen Seite von der Erde aus sehen können.

3. *Viertelmond*
Dieser heißt so, weil der Mond jetzt ein Viertel seiner Umlaufbahn bewältigt hat. Wir können ihn jetzt als Halbmond von der Erde aus sehen.

4. *Zunehmender Mond*
Der Mond ist jetzt hell und fast voll.

5. *Vollmond*
Die der Erde zugewandte Seite befindet sich in einer Linie mit der Sonne.

6. *Abnehmender Mond*
Der Mond wird kleiner, er scheint abzunehmen.

7. *Dreiviertelmond*
Der Mond hat noch ein Viertel seines Orbits vor sich. Von der Erde aus sieht man ihn als Halbmond.

8. *Abnehmende Mondsichel*
Jetzt kann man nur noch eine dünne Sichel von der Erde aus sehen – der Mond ist fast völlig verschwunden.

Der Herbstmond

von Henry Wadsworth Longfellow

Da ist der Herbstmond! Auf goldnen Flügeln
und Dächern der Dörfer, auf bewaldeten Bergrücken
mit ihren verlassenen, luftigen Nestern in der
Nachbarschaft, auf den Fensterscheiben mit Gardinen
von Kinderzimmern mit schlafenden Kindern, auf Landstraßen
und Kornfeldern, dort ruht seine mystische Pracht!
Die Vögel sind fort, die unsere Sommergäste waren,
die Fuhrwagen kehren mit den letzten Garben zurück!
Alle Dinge sind Symbole: das Schauspiel
der Natur bleibt als Bild in unseren Köpfen,
die Blumen und Früchte und die fallenden Blätter,
die Singvögel verlassen uns am Ende des Sommers,
nur leere Nester bleiben zurück,
und piepsende Wachteln zwischen den Garben.

Der Mond ist etwas Besonderes

Ungefähr die Hälfte der Zeit verbringt der Mond an unserem Taghimmel. Und der Hauptgrund, warum wir den Mond tagsüber sehen, ist, dass die Zeit seiner Erdumrundung und die Zeit einer Erdumdrehung um ihre eigene Achse nicht identisch sind.

Wie bei Sonnenauf- und -untergang geht auch der Mond jeden Tag zu einer anderen Zeit auf und unter. Wenn der Mond an einem festen Standort am Himmel bleiben würde, dann könnten wir ihn wahrscheinlich jeden Abend zur gleichen Zeit sehen, da sich die Erde einmal um ihre Achse dreht. Aber da sich der Mond auf einer eigenen Umlaufbahn bewegt, sehen wir ihn jede Nacht an einem anderen Ort.

Herbstmond

Es scheint, dass der Mond viele verschiedene Gesichter hat. Als Herbstmond bezeichnen wir den Vollmond, der am nächsten zur Herbst-Tagundnachtgleiche auftritt – das ist der Beginn des Herbstes in der nördlichen Hemisphäre. Gewöhnlich geschieht dies am 22. oder 23. September. Dieses Äquinoktium bedeutet so viel wie „gleiche Nacht“, das heißt, an diesem Tag im Jahr sind Tag und Nacht ungefähr gleich lang. Bei Sonnenuntergang geht dann der Herbstmond auf. Es war schon immer so, dass das helle Licht dieses Vollmondes den Farmern bei der Ernte geholfen hat, daher auch der Name.

Gewaltige Monde

Der Jägermond

Ende Oktober könnt ihr den Mond des Jägers in der nördlichen Hemisphäre entdecken. Die Bezeichnung geht zurück auf die ersten Einwohner Nordamerikas. Das Licht dieses Mondes im Herbst war so hell, dass die Eingeborenen hervorragend auf die Jagd gehen konnten, um so ihre Vorräte an Wildfleisch für den Winter anzulegen.

Im 18. Jahrhundert feierten die amerikanischen Ureinwohner und auch einige Völker in Westeuropa das „Fest des Jägermondes". Inzwischen wurde diese Tradition wieder aufgenommen, und man begeht das Fest jedes Jahr in West Lafayette in Indiana.

Supermonde

Wir sprechen von einem Supermond, wenn der Neumond (oder der Vollmond) ganz besonders dicht auf seiner Umlaufbahn an der Erde vorbeizieht. Der Astrologe Richard Nolle hat den Begriff „Supermond" 1979 geprägt, aber seine Beschreibung war damals ziemlich technisch. Es ist ein überwältigender Anblick, wenn man einen Supermond sehen kann!

Blauer Mond

Ein blauer Mond ist ein seltenes Ereignis: In einem bestimmten Zeitraum erscheint ein zusätzlicher Vollmond. Der Begriff hat zwei Bedeutungen. Die erste Erklärung finden wir in einem Magazin für Farmer in Nordamerika im August 1937:

„Normalerweise sehen wir zwölf Mal im Jahr den Vollmond, also drei Mal pro Jahreszeit. Manchmal jedoch gibt es Jahre mit einem dreizehnten Mond, also hat eine Jahreszeit vier Vollmonde statt drei."

Den dritten dieser vier Vollmonde würde man als blauen Mond bezeichnen. Daraus hat sich die irrtümliche Auffassung abgeleitet, dass ein zweiter Vollmond in einem Monat der sogenannte blaue Mond ist. Beide Bedeutungen sind inzwischen fest in unserer Kultur verwurzelt.

Umgangssprachlich meint man mit „once in a blue moon" entsprechend etwas sehr Seltenes, das eigentlich nie eintritt. Es kommt jedoch auch vor, dass es nach Vulkanausbrüchen oder großen Feuern Partikel in der Luft gibt, die den Mond blau erscheinen lassen – und das ist wirklich ein sehr seltener Anblick!

Legenden über die Mondfinsternis

Die Mesopotamier glaubten, dass der Mond bei einer Mondfinsternis von sieben Dämonen angegriffen würde. Sie betrachteten es auch als einen Angriff auf ihren König, und so wurde für die Dauer der Finsternis ein Ersatzkönig eingesetzt, der das Ziel des Angriffs sein sollte. Sobald die Mondfinsternis vorüber war, galt der Ersatzkönig als überflüssig und verschwand meist auf geheimnisvolle Weise.

Der amerikanische Indianerstamm der Hoopa glaubte, dass der Mond 20 Ehefrauen und viele Haustiere, wie Berglöwen oder Schlangen, besaß. Wenn der Mond seine Tiere nicht ausreichend fütterte, würden diese ihn angreifen, sodass er blutete. Dann kämen ihm seine Frauen zu Hilfe, entfernten das Blut, und die Mondfinsternis würde vorbei sein.

Das Volk der Batammariba in Togo und Benin glaubte, dass Sonne und Mond in einen nie endenden Kampf verstrickt waren und dass jede Finsternis eine Schlacht in diesem Krieg darstellte – wodurch man lernen könne, was passiert, wenn man seine Differenzen nicht bewältigt. Daher nutzten die Batammariba die Zeit einer Mondfinsternis, um Frieden mit ihren Nachbarn zu schließen.

Die Inkas waren der Meinung, dass der Mond bei einer Mondfinsternis von einem Jaguar angegriffen wird. Sie glaubten auch, dass der Jaguar nach dem Angriff auf die Erde fallen würde, um dort Menschen zu fressen. Um den Jaguar also abzuschrecken, machten sie ganz viel Lärm, schwangen ihre Speere und ließen ihre Hunde heulen.

Im Schatten des Mondes

Zu einer Mondfinsternis kommt es, wenn sich Sonne, Mond und Erde bei Vollmond in einer Linie befinden. Die Erde schiebt sich dann langsam zwischen Sonne und Mond. Dabei kriecht der Schatten der Erde allmählich über den Mond, sodass er eine ganz merkwürdige, rote Farbe annimmt. Tatsächlich jedoch kommt die rote Farbe vom Sonnenlicht, das am Rand der Atmosphäre vorbeigestreift ist, wo es durch die Winkel gebrochen und zerlegt wurde.

Schlauer Kolumbus

Früher verstanden die Menschen nicht, wie eine Mondfinsternis funktioniert, und glaubten, dass sie vielmehr ein Zeichen des Bösen wäre. Der spanische Entdecker Christoph Kolumbus hat dies zu seinem Vorteil verwendet, als er 1504 mit seiner Mannschaft auf Jamaika strandete. Er wusste, dass es am 29. Februar eine totale Mondfinsternis geben würde, und hat die Leute derart eingeschüchtert, dass sie bei seiner Rettung halfen. Er erzählte ihnen, dass Gott zornig auf sie wäre und der Mond wieder sichtbar würde, wenn sie ihm hälfen.

Zu einer Sonnenfinsternis kommt es, wenn der Mond zwischen Erde und Sonne steht und dabei die Sonne blockiert, sodass sein Schatten auf einen Teil der Erde fällt. Der Schatten des Mondes ist natürlich nicht groß genug, um die gesamte Erde zu bedecken, weshalb man nur in einem kleinen Gebiet der Erde die totale Sonnenfinsternis sehen kann. Die Menschen außerhalb dieses Gebiets können eine partielle Sonnenfinsternis beobachten.

Böse Bestrafung

Sicher war es früher ein furchterregender Anblick, wenn die Sonne am Tag plötzlich dunkel wurde – viele Menschen glaubten, das sei ein Zeichen für die Apokalypse (das Ende der Welt). Im alten China war es die Aufgabe der Astronomen, eine Sonnenfinsternis vorherzusagen. Einer der ältesten Berichte über eine Sonnenfinsternis stammt aus dem Jahr 2.134 v. Chr. und besagt, dass zwei chinesische Astronomen diese nicht vorhergesagt hatten. Zur Strafe sollen sie geköpft worden sein.

Eine partielle oder totale Sonnenfinsternis kommt normalerweise nur ein oder zwei Mal pro Jahr vor. Aber es ist möglich, dass es bis zu sieben Mond- und Sonnenfinsternisse in einem einzigen Jahr gibt.

Stellt Euch
vor ...

Im Laufe der Zeit hat der Mond viele Geschichten bestimmt oder beeinflusst – aber sie handeln nicht alle vom Bösen oder von Katastrophen. Menschen im Westen glauben oft, dass sie einen Mann im Mond sehen würden, während Menschen im Osten meistens ein Kaninchen oder einen Hasen erkennen.

Meere und Gebirge

Die Oberfläche des Mondes besteht aus hellen und dunklen Bereichen. Bei den dunklen Gebieten handelt es sich um verfestigte Lavaströme aus der Zeit, als die Vulkane auf dem Mond noch aktiv waren (der Großteil dieser Lava stammt aus Ausbrüchen von vor 3,5 und einer Milliarde Jahren). Diese großen Lavabecken bezeichnet man als *maria*, das ist das lateinische Wort für „Meer" – denn die frühen Astronomen glaubten versehentlich, dass es sich hierbei um Wassergebiete handelte.

Die kleineren, dunklen Bereiche sind felsige Krater mit einer Größe von wenigen Metern bis zu Hunderten von Kilometern. Sie entstanden, als große Meteoriten oder Asteroiden mit dem Mond kollidiert und beim Aufprall Teile seiner Oberfläche geschmolzen sind. Einige dieser Krater wurden später von der Lava gefüllt und verwandelten sich in die dunklen Gebiete, die Ihr hier auf der Abbildung seht.

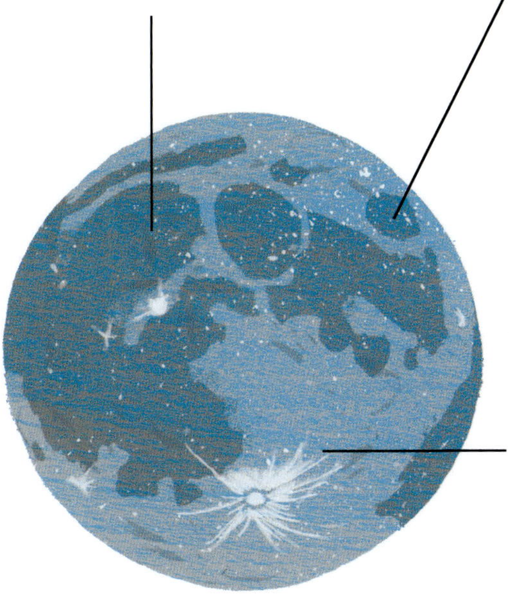

Die hellen Bereiche auf dem Mond sind Berge oder Gebirge. Es gibt achtzehn Gebirgszüge auf dem Mond sowie viele Täler. Der höchste Punkt auf dem Mond heißt „Selenischer Gipfel". Er hat eine Höhe von 10.786 m und ist damit größer als der Mount Everest auf der Erde, der eine Höhe von 8.848 m hat.

Erkennungszeichen

Die dunkle Seite

Der Selenische Gipfel befindet sich auf der Rückseite des Mondes, die stets von der Erde abgewandt ist, das heißt, wir können den Gipfel nie sehen. Die Rückseite, oder auch dunkle Seite, ist über und über mit Kratern bedeckt, hat jedoch nur wenige *maria* (dunkle Gebiete), im Gegensatz zur erdzugewandten Seite. Neueste Forschungen besagen, dass zu der Zeit, als der Mond entstand, die Rückseite schneller abgekühlt ist als die erdnahe Seite, die wiederum stärker der Wärme der Erde ausgesetzt war. Daher könnte durch den schnelleren Abkühlungsprozess auf der Rückseite eine dickere Kruste entstanden sein, aus der sich bei Einschlägen von Meteoriten oder Asteroiden weniger vulkanische Lava gelöst hat.

Und warum sprechen wir von der dunklen Seite des Mondes? Das hat rein gar nichts mit den *maria* oder der vorhandenen Dunkelheit zu tun. Der Begriff „dunkel“ steht hier für das Unbekannte – kein Mensch hatte sie zuvor gesehen, bis Raumschiffe zum Mond flogen …

Woher kommt der Name?

Auf dem Mond gibt es einen besonders beeindruckenden Krater, den man sogar von der Erde aus sehen kann: Tycho. Man erkennt ihn vor allem an seinen hellen Strahlen, die sich in einem Radius von 1.500 km um ihn herum verteilen. Diese Strahlen bestehen aus einer Gesteinsmischung, die bei dem Einschlag eines Meteoriten oder Asteroiden vor etwa 108 Millionen Jahren entstand. Der Krater wurde nach dem dänischen Astronomen Tycho Brahe (1546–1601) benannt, der eigene Messinstrumente baute und damit sehr genaue Vermessungen der Position von Sonne, Mond, den Planeten und Sternen vornahm.

Er zittert und bebt!

Gelegentlich gibt es Mondbeben auf dem Mond. Sie ähneln unseren Erdbeben, können jedoch viele Stunden statt nur Minuten andauern. Während Erdbeben durch die Bewegungen der tektonischen Platten ausgelöst werden, entstehen Mondbeben durch Veränderungen in der Temperatur zwischen Nacht und Tag, durch die Anziehungskraft der Erde oder durch Einschläge von Meteoriten und Asteroiden.

Bei einigen der Apollo-Missionen wurden Seismographen (Geräte, die Erdbeben aufzeichnen und messen) auf dem Mond zurückgelassen. Eigentlich hat man sie 1977 abgeschaltet, aber Wissenschaftler verwenden diese Daten immer noch, um das Innere des Mondes zu erforschen. Auf der Rückseite besitzt der Mond eine dicke Kruste (auf der erdnahen Seite ist sie dünner), unter der Kruste befindet sich der Mantel (eine tiefe Schicht dichten Gesteins) und in seinem Inneren befindet sich ein kleiner Kern aus Eisen, der teilweise geschmolzen ist (bei Hitzeeinwirkung kann er ganz flüssig werden).

Einer unter vielen

Jetzt wissen wir bereits, dass die Schwerkraft des Mondes für die Gezeiten auf der Erde sorgt und dass sie auch die Neigung unseres Planeten stabil hält, dadurch werden die Jahreszeiten nie zu kalt oder zu warm. Haben denn auch andere Monde Einfluss auf ihre Planeten? Und wie ist das bei Planeten, die gar keine Monde haben?

Lasst uns mal einen Blick auf diese Planeten und ihre Monde werfen! Wir beginnen mit jenen, die der Sonne am nächsten sind …

Sonnensystem

Wenn Venus oder Merkur Monde hätten, würden diese wahrscheinlich die Jahreszeiten dieser Planeten gar nicht beeinflussen (so wie der Mond es bei der Erde tut). Warum? Nun, die Temperaturunterschiede auf diesen Planeten sind viel zu extrem – die Temperaturen auf dem Merkur können bis zu +430 °C erreichen, und es gibt keine Atmosphäre, die die Hitze aufhält. Nachts fallen die Temperaturen auf bis -170 °C. Auch wenn Venus der Sonne nicht am nächsten ist, so ist es doch der heißeste Planet in unserem Sonnensystem. Dort gibt es eine sehr dichte Atmosphäre, in der unglaubliche Werte von +460 °C erreicht werden. Im Gegensatz zur Erde haben Merkur und Venus auch keine Meere, die ein Mond mit Ebbe und Flut beeinflussen könnte.

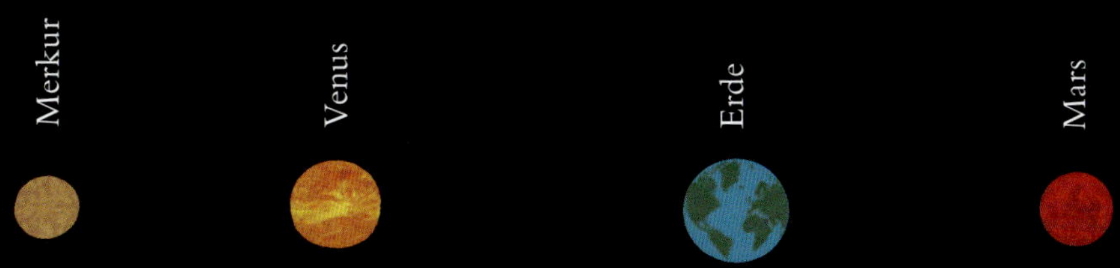

Warum haben weder Merkur noch die Venus einen Mond?

Durch die Anziehungskraft der Sonne ist Merkur nicht in der Lage, einen Mond zu haben. Wenn ein Mond zu nahe an Merkur herankäme, würde er vermutlich auf ihn hinabstürzen, wenn ein Mond zu weit weg wäre, würde ihn die Sonne anziehen.

Bis heute haben die Wissenschaftler noch nicht herausgefunden, warum Venus keinen Mond besitzt, man vermutet jedoch, aus den gleichen Gründen wie beim Merkur.

Der nächste in der Reihe ist unser Planet Erde und dann kommt der Mars. Er besitzt zwei kleine Monde, Phobos und Deimos. Der amerikanische Astronom Asaph Hall hat sie im Jahr 1877 entdeckt und benannte sie nach Figuren der griechischen Mythologie.

Die beiden Monde sind eigentlich nur Klumpen mit der Form einer Kartoffel. Sie sind kleiner als eine Großstadt – Phobos hat eine Größe von 27 x 22 x 18 km und Deimos nur 15 x 12 x 11 km.

Unser Mond

Phobos

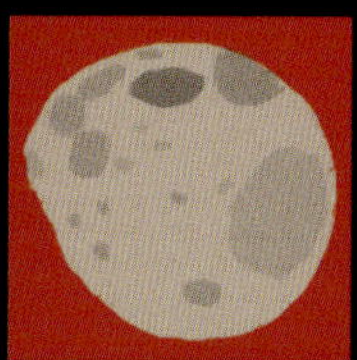

Deimos

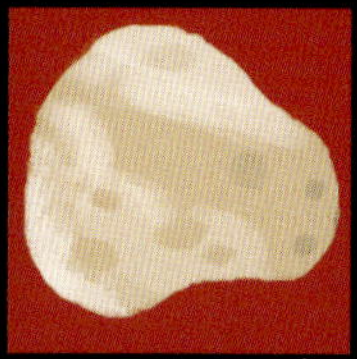

Als Nächstes folgen die beiden größten Planeten unseres Sonnensystems: Jupiter und Saturn. Jeder von ihnen hat über 60 Monde. Größere Planeten können viel mehr Monde anziehen, denn je größer etwas ist und je näher man daran ist, desto stärker ist die Anziehungskraft. Wenn Monde den Planeten sehr nahe sind, umrunden sie diese, weil die Anziehungskraft so stark ist. Sie bewegen sich aber zu schnell, um auf auf sie abzustürzen.

Die vier größten Monde von Jupiter bezeichnen wir als die Galileischen Monde, denn sie wurden 1610 zum ersten Mal von Galileo Galilei gesichtet. Mithilfe eines Fernglases kann man sie als winzige Lichtpunkte ausmachen. Ganymed ist eine Felskugel mit Eis und der größte Mond in unserem Sonnensystem. Sein Durchmesser: 5.268 km. Auf Io gibt es über 400 aktive Vulkane, er liegt in Jupiters Strahlungsgürtel. Europa ist der kleinste der Galileischen Monde, hat eine glatte Oberfläche und ist mit Eis bedeckt. Darunter befindet sich vermutlich ein riesiges Meer und möglicherweise auch Lebensformen. Kallisto besteht zu gleichen Teilen aus Felsen und Eis und ist der älteste Himmelskörper mit den meisten Kratern in unserem Sonnensystem.

Saturn besitzt ein paar „Hütemonde". Deren Aufgabe ist es, die Ringe des Planeten aus Staub- und Eispartikeln an ihrem Platz zu halten.

Die beiden Monde, die Saturns äußeren Ring bewachen, heißen Prometheus und Pandora.

In der griechischen Mythologie hat Prometheus den Menschen das Feuer geschenkt, nachdem er es vorher vom Berg Olymp gestohlen hatte.

Pandora wird von den Göttern erschaffen, um Rache für den Diebstahl des Prometheus zu nehmen. Sie soll auch eine Büchse gehabt haben, die alle Übel der Menschheit sowie Plagen und Krankheiten enthielt.

Man vermutet, dass Uranus 27 Monde besitzt. Schon 1787 entdeckte der britische Sternforscher William Herschel die ersten beiden Monde, Titania und Oberon. Die meisten anderen wurden erst nach 1985 entdeckt – durch die 1977 gestartete Voyager-2-Mission oder mithilfe von sehr weit entwickelten Teleskopen.

Titania und Oberon sind die größten Monde von Uranus. Auf Titania gab es einst ein riesiges Meer aus Wasser. Als sich der Mond dann während seiner Entstehung abkühlte, ist der Ozean gefroren und hat sich dabei so stark im Inneren ausgedehnt, dass sich auf der Oberfläche Risse bildeten und riesige Täler entstanden. Oberon besteht zu gleichen Teilen aus Gestein und Eis und besitzt eine rötliche Färbung.

Figuren aus William Shakespeares *„Ein Sommernachtstraum“* standen Pate für die Namen der beiden Monde.

Neptun besitzt, soviel wir wissen, vierzehn Monde. Als Erster wurde Triton entdeckt. Benannt nach dem griechischen Gott des Meeres ist er der größte von Neptuns Monden. Entdeckt hat ihn der britische Astronom William Lassell 1846, nur siebzehn Tage, nachdem Neptun selbst entdeckt worden war. Erstaunlich!

Da Neptun so weit von uns entfernt ist, wurden die meisten seiner Monde erst 1989 durch den Vorbeiflug von Voyager 2 entdeckt. Triton ist der einzige große Mond im Sonnensystem mit einem gegenläufigen Orbit – seine Umlaufbahn läuft in die entgegengesetzte Richtung wie die Drehbewegung von Neptun – viele Wissenschaftler glauben, dass Triton eigentlich als Planet weit außerhalb des Sonnensystems entstand und ihn Neptuns Schwerkraft irgendwann eingefangen hat. Er nähert sich ganz allmählich der Oberfläche von Neptun an, und wir erwarten, dass er in etwa 3,6 Milliarden Jahren mit Neptun zusammenstößt.

KAPITEL **ZWEI**

Der Himmel über uns

Götter und Göttinnen

Im Laufe der Geschichte hat man den Mond oft mit Weisheit und Gerechtigkeit in Verbindung gebracht. In der Mythologie stehen ein Mondgott oder eine Mondgöttin stellvertretend für den Mond. Diese Mondgottheiten sind oft mit den Sonnengöttern verwandt oder sind deren Feinde.

Es gibt eine Religion, die auf alten Hexentraditionen basiert und als „Wicca“ bekannt ist. Dort feiert man die Mondphasen. Sie entstand in England in der ersten Hälfte des 20. Jahrhunderts und wurde in den 1950ern durch Gerald Gardner, einem britischen Beamten im Ruhestand, bekannt gemacht. Er schrieb „Das Buch der Schatten“ – ein Zauberbuch. Inzwischen hat sich „Wicca“ in der ganzen Welt verbreitet …

Viele „Wicca“-Anhänger sagen, dass ihre Religion großen Respekt für Welt und Natur hat – es macht ihnen Freude, Sonnenauf- oder -untergänge zu beobachten oder einfach nur das Mondlicht zu betrachten …

Sie erkennen die Kreisläufe der Natur, die Mondphasen und die Jahreszeiten an und feiern dadurch ihre Spiritualität und huldigen ihrer Mondgöttin oder dem „Gehörnten Gott“ (ihr

Glaube verehrt sowohl einen weiblichen als auch einen männlichen Gott). Bei Feierlichkeiten der „Wicca“ gibt es besondere Zeremonien, die Esbate, die in Vollmondnächten zu Ehren der Mondgöttin durchgeführt werden.

Die Mondgöttin in der römischen Mythologie heißt Luna. Das Adjektiv „lunar“ stammt vom lateinischen Wort „luna“, was „Mond“ bedeutet. Die Göttin Luna wird häufig als schöne, hellhäutige Frau dargestellt, die einen Streitwagen fährt, der entweder von zwei Pferden oder zwei Ochsen (einem weißen und einem schwarzen) gezogen wird. In der römischen Kunst sieht man Luna oft zusammen mit Sol, dem Sonnengott, der einen vierspännigen Streitwagen fährt. Man nimmt an, dass Sols Wagen den Lauf der Sonne durch die vier Jahreszeiten symbolisieren soll, während Lunas Wagen für den Mond steht. Jedes Jahr am 31. März feierten die alten Römer ein Fest mit Gebeten und Tieropfern zu Ehren Lunas.

Die alten Ägypter verehrten den Gott Thoth. In der Kunst findet man ihn oft als Mann mit einem Ibiskopf (das ist ein Watvogel mit einem gebogenen Schnabel). Manchmal wurde er auch als Pavian mit einer Mondsichel auf seinem Kopf dargestellt. Thoth hatte verschiedene Bedeutungen in der ägyptischen Mythologie, aber im Grunde war er ein Mondgott. Die Ägypter benutzten die Mondphasen, um wichtige Ereignisse in ihrer Gesellschaft und auch religiöse Rituale zu planen. So wurde Thoth nach und nach als Gott der Weisheit, Magie und Zeitmessung angesehen. Gleichzeitig war er auch der Berater des Sonnengottes Ra, den er auf der nächtlichen Himmelsreise begleitete.

Tsukuyomi-no-Mikoto ist der Mondgott in der japanischen Mythologie. Man erzählt sich, dass einst der Gott Izanagi-no-Mikoto die vielen japanischen Inseln erschaffen hat. Während er eines Tages ein Bad nahm, spülte er Tsukuyomi aus seinem rechten Auge und die Sonnengöttin Amaterasu aus seinem linken, und so wurden Tsukuyomi und Amaterasu geboren. Tsukuyomi und Amaterasu verbrachten ihr ganzes Leben gemeinsam im Himmel. Eines Tages schickte Amaterasu Tsukuyomi als ihren Stellvertreter zu einem Fest von Uke Mochi, der Göttin des Essens. Uke Mochi präsentierte das Essen, indem sie sich erbrach. Tsukuyomi war davon derart angewidert, dass er sie tötete. Als Amaterasu davon hörte, weigerte sie sich, weiterhin den Platz am Himmel mit Tsukuyomi zu teilen. Und von da an waren Tag und Nacht nie wieder zusammen …

In der Mythologie der Aborigines gibt es Geschichten über Bahloo, den Mondmann, der drei giftige Schlangen als Haustiere hält. Die Sonnengöttin Yhi fühlte sich zu Bahloo hingezogen, aber er beachtete sie überhaupt nicht – das ist wohl auch der Grund, warum die Sonne den Mond über den Himmel jagt. Yhi warnte die Geister, die den Himmel stützen, dass Bahloo niemals auf die Erde entkommen dürfe, sonst würde sie die gesamte Welt in Finsternis tauchen.

Auch in der Hindu-Religion gibt es Geschichten über den Gott des Mondes, Chandra. Dieser hübsche junge Gott trägt eine Keule und eine Lotusblume in seinen Händen und fährt mit seinem Streitwagen, der von weißen Pferden oder einer Antilope gezogen wird, über den nächtlichen Himmel.

Bei den Hindus gibt es sehr viele Legenden über Chandra. Eine besagt, dass Chandra die 27 Töchter von Daksha, dem Herrn der Schöpfung, geheiratet hat. Eine von ihnen, Rohini, wurde die Lieblingsfrau von Chandra. Als die anderen sich bei Daksha beschwerten, hat dieser Chandra mit einem Fluch belegt, sodass dieser seinen Glanz verlor und verschwand. Chandra betete zu Shiva, dem Schöpfer und Beschützer des Universums. Shiva konnte den Fluch nicht komplett rückgängig machen, aber wenigstens wurde er wieder für kurze Zeit sichtbar.

So nimmt der Mond seither 14 Tage ab und wächst dann wieder 14 Tage.

Hanwi ist die Mondgöttin in der Sagenwelt der Sioux. Die Sioux sind eine zutiefst spirituelle Gruppe unter den Ureinwohnern Nordamerikas. Der Name Hanwi bedeutet „Nachtsonne" und man sagt, dass sie die Menschen nachts beschützt und böse Geister von ihnen fernhält. Deshalb beten sie auch zu ihr – und haben dabei Mondsteine in ihrer Nähe.

Die Legende der Sioux erzählt, dass Hanwis Ehemann, der Sonnengott Wi, sie einst betrog: Er erlaubte einer schönen Sterblichen namens Ite bei einem großen Fest statt Hanwi neben ihm zu sitzen. Darüber war Skan, der Gott des Himmels, sehr verärgert, und er bestrafte Wi und nahm ihm Hanwi weg, er setzte sie als Mond an den Nachthimmel. Er erlaubte Wi nur noch, den Tag zu beherrschen, und Hanwi beherrschte die Nacht, wobei sie ihr Gesicht vor Scham über den Betrug verdeckte. Das ist angeblich der Grund, warum es die Mondphasen gibt.

Chang'e ist die chinesische Göttin des Mondes und man erzählt sich viele Legenden über sie. Eine dieser Geschichten ist offensichtlich der Grund, warum die Chinesen heute das Mondfest im Herbst feiern. Vor langer Zeit, so wird erzählt, gab es zehn Sonnen am Himmel, die mit ihrer Hitze die Erde verbrannten und es den Menschen unmöglich machten, etwas anzubauen. Chang'es Ehemann Yi war ein Bogenschütze und er tötete neun der Sonnen, sodass nur noch eine übrigblieb, die der Erde Wärme und Licht spendete.

Yi wurde von einem Unsterblichen verehrt und erhielt von diesem das Elixier der Unsterblichkeit (also das Geschenk des ewigen Lebens). Yis Lehrling, Fengmeng, wollte das Elixier stehlen. Um das zu verhindern, trank es Chang'e selbst, wodurch sie zum Himmel hinaufflog und dort auf dem Mond bleiben musste. Als Yi nun herausfand, was geschehen war, wurde er so traurig, dass er ihr Früchte und Kuchen als Opfergaben darbrachte.

Mama Killa (was so viel bedeutet wie „Mutter Mond") ist die Göttin des Mondes in der Mythologie der Inka. Die Inka waren ein Indianerstamm, der in Südamerika lebte, bevor ab 1530 die spanischen Eroberer kamen. Die Inka erzählten sich in einer lustigen Geschichte, warum es auf dem Mond dunkle Flecken gibt. Sie glaubten, dass sich einst ein Fuchs in Mama Killa verliebte, als er sich ihr aber in Richtung Himmel entgegenstreckte, drückte sie ihn so fest, dass die dunklen Flecken entstanden.

Die Inka glaubten auch, dass Mondfinsternisse entstehen, weil Mama Killa von einem Tier angegriffen wird – und dass ein solcher Angriff die Welt in Dunkelheit stürzen könnte. Um das Tier zu vertreiben, warfen die Inka ihre Waffen nach ihm und machten einen fürchterlichen Krach. Diese Tradition existierte sogar noch, als die spanischen Eroberer kamen, die diese zu ihrem Vorteil ausnutzten. Die Inka begegneten den Spaniern mit großem Respekt, als sie erfuhren, dass diese eine Finsternis vorhersagen konnten.

Sprache und Geschlecht

Der amerikanische Philosoph Dr. Charles Muses (1919–2000) stellte die These auf, dass in vielen frühen Religionen die Mondgötter überwiegend männlich und die Sonnengötter eher weiblich waren, aber irgendwann im Laufe der Geschichte wurden die Rollen dann getauscht. Muses fand auch heraus, dass die frühen weiblichen Priester (oder Priesterinnen) die Sonnengöttinnen verehrten. Als es jedoch immer mehr männliche Priester gab, entschieden diese, dass die Sonne ebenfalls männlich sein musste, weil sie ja mehr Licht gab (also auch mehr Kraft produzierte), und so wurde der Mond mit seinem schwächeren Licht von ihnen als weiblich angesehen.

Der Mond hat viele Religionen auf der ganzen Welt über viele Jahrhunderte inspiriert. Er hat uns aber auch geholfen, unsere Sprache und Redewendungen über den Begriff „Zeit" zu organisieren. Das englische Wort „Monday" stammt vom Altenglischen *Mōnandag* und vom Mittelenglischen Monenday. Ursprünglich waren dies Übersetzungen des lateinischen Begriffs dies *lunae*, was so viel wie „Tag des Mondes" bedeutet.

Der Montag wurde in vielen Sprachen nach dem Mond benannt, zum Beispiel sagen die Niederländer „Maandag". Japaner und Koreaner verwenden beide alte chinesische Begriffe, die sie in ihre Schriftsysteme Hiragana und Hangul übertrugen: *getsuyōbi* und *Wur-yoil*. Sie bedeuten ebenfalls beide „Tag des Mondes".

Mond-Kalender

In vielen Gesellschaften und Religionen nutzen Menschen den Mond, um ihr Jahr zu planen. Dies wird schon seit vielen Jahrtausenden so gehandhabt, denn die Mondkalender – ob nun schriftlich oder mündlich überliefert – helfen vielen dabei, daran zu glauben, wann die beste Zeit zum Pflanzen, Jagen oder Wandern ist. Die Kalender waren auch sehr hilfreich, um religiöse Zeremonien festzulegen, sodass die Menschen genau wussten, wann sie ihre Götter ehren mussten.

Leider vernachlässigen die Mondkalender oft die Position der Sonne oder das Sonnenjahr mit seinen etwa 365 Tagen. Das Jahr lässt sich nicht so einfach durch die Mondzyklen mit ihren 29,5 Tagen teilen, sodass der Zyklus durcheinandergerät. Damit die Kalender wieder stimmen, müssen gelegentlich zusätzliche Tage oder Monate eingefügt werden. Das nennt man Einschiebung. Ein perfektes Beispiel hierfür ist unser Schaltjahr mit einem zusätzlichen Tag, dem 29. Februar, den es alle vier Jahre gibt.

Bei den Chinesen berücksichtigt der traditionelle Kalender sowohl die Mondphasen als auch die Bewegungen der Sonne – es handelt sich um einen sogenannten Lunisolarkalender. In diesem Kalender hat das Jahr auch zwölf Monate. Aber alle drei Jahre gibt es ein Schaltjahr mit dreizehn Monaten. Den frühesten dieser chinesischen Kalender kennen wir bereits aus dem 14. Jahrhundert v. Chr. – es handelt sich dabei um die Shang-Orakelknochen. Dies sind Tierknochen mit alten chinesischen Schnitzereien über die Jahreszeiten und die Mondphasen.

In der Geschichte finden wir noch andere Mondkalender, in denen bei Bedarf ein weiterer Monat hinzugefügt wurde, so zum Beispiel bei den Babyloniern. (Babylon war eine sehr alte Stadt in Mesopotamien, im heutigen Irak.) Bei diesem Kalender handelte es sich ebenfalls um einen Lunisolarkalender mit zumeist zwölf Monaten (außer wenn ein zusätzlicher eingefügt wurde). Jeder dieser Monate begann mit dem zunehmenden Mond, sobald dieser bei Sonnenuntergang am westlichen Horizont gesichtet wurde. Der Kalender basiert auf einem noch weitaus älteren aus dem 21. Jahrhundert v. Chr.

Der Mond und die Uhren

Der Mond hat auch die Uhrmacher stark beeinflusst. Astronomische Uhren zeigen uns nicht nur die Uhrzeit, sondern verfolgen ebenfalls die Positionen von Sonne, Mond, Sternen und sogar einigen Planeten. Hierfür ist die astronomische Uhr Orloj in Prag in der Tschechischen Republik ein fantastisches Beispiel. Sie wurde im Jahr 1410 installiert, ist die drittälteste astronomische Uhr der Welt und gleichzeitig die älteste, die noch in Betrieb ist. An einem der Zeiger ist eine Mondkugel angebracht, die die aktuelle Position des Mondes bei seiner Erdumrundung anzeigt. Diese Mondkugel verändert sogar ihre Form im gleichen Rhythmus wie die echten Mondphasen – an der Kugel ist eine Schraube mit einem Gewicht befestigt, welches das Ganze immer weiterschiebt, so dass sich die Form allmählich und stetig verändert.

Stonehenge ist ein prähistorisches Steinmonument in Wiltshire, England – viele glauben, dass Stonehenge einst ein riesiger, steinerner Kalender war. Archäologen sind der Meinung, dass es zwischen 3000 und 1600 v. Chr. gebaut wurde. Wir wissen nicht, zu welchem Zweck es errichtet wurde, aber neueste Forschungen haben ergeben, dass es einst ein Sonnenkalender (ähnlich unserem mit 365 Tagen) und auch ein Mondkalender gewesen sein könnte.

Damit hätten die alten Zivilisationen genau gewusst, wann sie was pflanzen mussten. Rund um das Monument gibt es Löcher mit Steinmarkierungen, und man glaubt, dass damit jeder einzelne Tag verfolgt werden konnte sowie die Mondphasen. Wahrscheinlich konnte man damit sogar Finsternisse vorhersagen.

Im traditionellen chinesischen Kalender beginnt das Jahr Ende Januar oder Anfang Februar. Mit dem Kalender berechnen die Chinesen, wann ihre bedeutenden Feste wie zum Beispiel Neujahr stattfinden. Aber wusstet Ihr, dass es ein Fest gibt, das speziell dem Mond gewidmet ist und jedes Jahr im Herbst veranstaltet wird? Das Mondfest (auch Mittherbstfest) ist eigentlich ein Erntefest, welches sowohl die Chinesen als auch die Südkoreaner und Vietnamesen begehen. Es findet bei Vollmond am fünfzehnten Tag des achten Monats im Mondkalender statt.

Ursprünglich wurde das Mondfest bei einer erfolgreichen Reis- und Weizenernte gefeiert, und man opferte dem Mond Speisen. Seit der Shang-Dynastie, also 1600–1046 v. Chr., wird es begangen.

Die alten Chinesen assoziierten den Mond mit Verjüngung. Eine alte Sage erzählt, dass Sonne und Mond Sterne als ihre Kinder hatten. Wenn der Mond schwanger war, wurde er rund, nahm zu und nach der Geburt war er nur eine Mondsichel. Aus diesem Glauben heraus begannen viele chinesische Frauen, dem Mond während des Festivals zu huldigen.

Heutzutage kommen die Chinesen mit Freunden und Familie zusammen, um für das zu danken, was sie haben und um Glück zu bitten. Bei den Feierlichkeiten wird der Mond beobachtet, man lässt Mondlaternen aufsteigen und isst Mondkekse – das sind kleine Kuchen mit einer süßen Füllung und einem salzigen Eigelb, das den Vollmond darstellt.

Am 15. August bringt man der Mondgöttin Chang'e Opfergaben dar, an diesem Tag hat sie angeblich das Elixier der Unsterblichkeit getrunken.

Der Buddhismus ist die Hauptreligion in vielen asiatischen Ländern, auch dort lebt man nach einem Mondkalender. Im Buddhismus konzentriert sich alles auf die spirituelle Entwicklung des Einzelnen. Man folgt der Lehre von Buddha, Siddhartha Gautama, der sich zwischen dem 6. und 4. Jahrhundert v. Chr. auf eine Reise zur geistigen Erleuchtung begeben hat.

Wesak, oder Buddha-Tag, ist das wichtigste Fest im Buddhismus. Man feiert Geburt, Erleuchtung und Tod von Siddhartha Gautama. Es findet jeden Mai bei Vollmond statt, denn die Legende besagt, dass an diesem Tag alle drei Ereignisse eintraten. Zu Wesak besuchen viele Buddhisten ihre Tempel oder Klöster, um Geschichten über das Leben von Siddhartha Gautama zu hören. Sie beten Mantras, meditieren und überreichen sich Karten und Geschenke.

Die Christen feiern am Ostersonntag die Auferstehung von Jesus Christus von den Toten. Im westlichen Christentum fällt Ostern auf den ersten Sonntag nach dem österlichen Vollmond, der angeblich der erste Vollmond am oder nach dem 21. März sein soll. Der österliche Vollmond entspricht dem vierzehnten Tag eines Mondmonats, aber er fällt nicht jedes Jahr auf den gleichen Tag. Das bedeutet, dass Ostern in den Zeitraum zwischen dem 22. März und dem 25. April fallen kann.

Auch das islamische Jahr folgt dem Mondkalender, und aus diesem Grund beginnt der Ramadan, eine Zeit des Betens und Fastens, immer zu einer anderen Zeit im Jahr. Die Muslime warten dazu auf die Sichtung des zunehmenden Mondes nach einem Neumond und legen dann den Beginn fest. Normalerweise endet der Ramadan, wenn die Sichel des zunehmenden Mondes nach dem nächsten Neumond zu sehen ist.

Symbole und Zeichen

Eigentlich steht der Mond hoch oben am Himmel, aber im Laufe der Zeit haben sich viele Mond-Symbole in unser irdisches Leben eingeschlichen …

Pakistanische Flagge

Die Mondsichel und ein Stern gelten als Symbole des Islam und sind überall auf der Welt bekannt. Wir finden sie auf vielen Flaggen muslimischer Länder wie Pakistan und Algerien. Man glaubt, dass die Mondsichel und der Stern bereits etliche Tausend Jahre vor dem Islam verwendet wurden – von den Völkern Zentralasiens und Sibiriens, die damit die Sonne, den Mond und die Himmelgötter ehrten.

Algerische Flagge

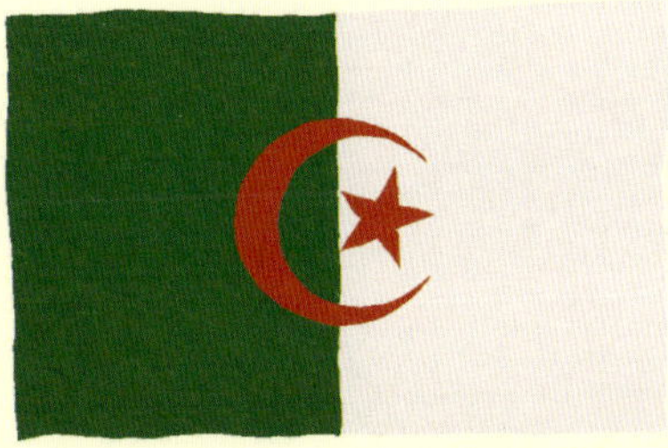

Erst unter ottomanischer (oder türkischer) Herrschaft wurden die Mondsichel und der Stern mit der muslimischen Welt verbunden. Als die Türken im Jahr 1453 Konstantinopel (das heutige Istanbul) eroberten, haben sie sich auch die Flagge der Stadt und ihr Symbol angeeignet. Da das ottomanische Reich viele Hundert Jahre über die muslimische Welt regiert hat, kann man sich leicht erklären, warum sich das Symbol dort auf Dauer etablierte …

Am Karfreitag (dem Freitag vor Ostersonntag) werden traditionellerweise warme Brötchen mit einem Kreuz darauf gegessen. Viele glauben, dass das Kreuz für die Kreuzigung Jesu steht, aber die Brötchen gibt es tatsächlich schon viel, viel länger …

Ursprünglich stammen die Brötchen wohl von den Assyrern und Babyloniern, die damit ihre Götter und Göttinnen ehrten. Auch in vielen anderen Kulturen wurde den Mondgöttern Gebäck geopfert. Bei den Ägyptern waren es kleine Kuchen mit Hörnern als Symbol für die Mondsichel. Die alten Griechen ersetzten die Hörner durch ein Kreuz, das die vier Mondphasen darstellen sollte, die Römer wiederum aßen diese Kuchen zu Ehren ihrer Mondgöttin. Angeblich haben die Angelsachsen die Verbindung zu Ostern hergestellt, denn sie brachten ihrer Göttin Eostre, der Göttin des Frühlings, die Brötchen als Opfergabe dar.

Das chinesische Yin-und-Yang-Symbol hat zwei Hälften: das Yin (schwarze Seite mit weißem Punkt) wird oft mit Dunkelheit und Kälte gleichgesetzt, das Yang (weiße Seite mit schwarzem Punkt) wird mit Wärme und Licht assoziiert.

Laut der chinesischen Philosophie soll das Yin-und-Yang-Symbol die Menschen auf ihre Gefühle aufmerksam machen, damit wir eventuell Veränderungen vornehmen können, um in innerer Balance zu bleiben. Ein Beispiel: Wenn uns zu kalt ist, müssen wir etwas tun, damit uns wärmer wird.

Bei den meisten Tarot-Karten (von Wahrsagern) gibt es auch eine Mondkarte – das ist die Karte der Intuition, der Träume und des Unbewussten. Die Karte links zeigt eine Languste oder einen Krebs (wahrscheinlich die Person, der die Zukunft vorhergesagt wird), der aus dem Wasser krabbelt (das ist unser Unterbewusstsein) und eine wichtige Reise durch die tiefe Nacht antritt.

Das Licht des Mondes steht für klares Denken und zeigt den Weg vorbei an allen Ablenkungen und Herausforderungen. Ein Hund kläfft uns an, „das Richtige zu tun“ und ein Wolf heult uns ein „richtig loszulegen“ zu – hin zu unseren höchsten Zielen.

Die alten Steinmonumente wurden wohl überwiegend errichtet, um die Bewegung von Sonne und Mond zu verfolgen (und auch als Kultstätten), doch die Himmelsscheibe von Nebra ist ein eher transportables Werkzeug … Es handelt sich um eine Bronzescheibe mit 30 cm Durchmesser – mit goldenen Symbolen für Sonne, Mond und Sterne – und sie gilt als einer der bedeutendsten archäologischen Funde des 20. Jahrhunderts, weil sie die exakteste Abbildung des nächtlichen Himmels in früherer Zeit zeigt. Die Scheibe stammt aus der Zeit um 1600 v. Chr. und wurde in Nebra, Deutschland, in einem Gebiet mit etwa 1.000 Grabhügeln gefunden. Man vermutet, dass sie aus der Bronzezeit stammt, und sie ist so wertvoll, dass auf dem Schwarzmarkt schon fast 300.000 Euro dafür geboten wurden!

Mondnamen

Sicher kennt Ihr viele Sternzeichen, aber wusstet Ihr, dass es in vielen Kulturen früher auch Mondzeichen gab, zum Beispiel bei den Chinesen oder im Altenglischen? Die amerikanischen Ureinwohner gaben den Vollmonden im Jahr oft eigene Namen, damit sie die

Januar: Wolfmond

Der Wolfmond erschien im Januar, wenn viel Schnee lag und die Wölfe hungrig durch die Wälder streiften. Manche Leute nannten ihn auch den Schneemond, aber normalerweise bezeichnet man damit den Vollmond im Februar.

Februar: Schneemond

Dieser Monat gilt als der schneereichste im ganzen Jahr, daher auch der Name. Stämme, die diese Bezeichnung für den Mond im Januar benutzten, nannten den Mond im Februar Hungermond, weil die Jagdbedingungen in dieser Zeit so schlecht waren.

März: Wurmmond

Sobald die Schneeschmelze begann, kamen auch wieder die Regenwürmer zum Vorschein. Die Vorboten des Frühlings gaben dem Mond noch andere Bezeichnungen: das Krächzen der Krähen (Krähenmond), die Bildung von Eiskrusten auf dem Schnee, wenn er nach dem Antauen wieder gefror (Krustenmond), und das Anzapfen der Ahornbäume (Saftmond).

April: Rosa Mond

Zu dieser Zeit blühten viele rosafarbene Blumen und auch das Gras begann zu wachsen. Es gab noch andere Namen für diesen Mond wie Sprießender-Gras-Mond oder Eiermond, die ebenfalls vom Frühling inspiriert wurden.

Mai: Blumenmond

In diesem Monat blühten noch viel mehr Blumen und das Getreide wurde ausgesät – Kühe, Ziegen und Schafe konnten genüsslich auf den Weiden grasen und lieferten reichlich Milch. Deshalb gab es auch die Bezeichnungen Getreide-Pflanz-Mond oder Milchmond.

Juni: Erdbeermond

Nun begann die Zeit der Erdbeerernte. Hier handelt es sich im eines der wenigen Worte, das alle Stämme der Algonquin-Indianer verwendeten.

Jahreszeiten besser verfolgen konnten. Die bekanntesten dieser Bezeichnungen stammen von den Algonquin-Indianern, die im Gebiet von Neuengland und weiter westlich bis zum Lake Superior (dem größten See der Great Lakes in Nordamerika) lebten. Als sich europäische Siedler in Nordamerika niederließen, haben sie etliche dieser Namen übernommen. Da es so viele verschiedene gab, stellen wir hier die bekanntesten vor …

Juli: Hirschmond

Den Hirschen wächst wieder ein neues Geweih, nachdem sie das alte im Vorjahr abgeworfen haben. Die Sommerstürme in Neuengland haben auch zu der Bezeichnung Donnermond geführt und manche Stämme nannten ihn Heumond, weil man im Juli das Heu erntet.

August: Störmond

Der Name kommt vom Stör – einem großen Fisch, den man zu dieser Zeit oft in den Great Lakes fangen konnte. Dieser Vollmond hieß auch Roter Mond wegen seiner Farbe, wenn er in heißen Augustnächten aufging, oder Grünes-Getreide-Mond oder Kornmond, weil er gelegentlich während der Getreideernte zu sehen war.

September: Erntemond

Die meiste Nahrung der Stämme, also Mais, Kürbisse, Bohnen und Reis, konnte zu dieser Zeit geerntet werden. Da der Erntemond besonders hell schien, konnten die Bauern in Europa noch spät in der Nacht ihre Ernte einbringen. Manchmal wurde er auch Maismond genannt.

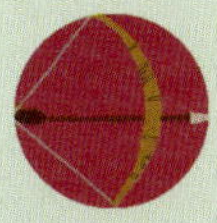

Oktober: Jägermond

Nachdem die Felder abgeerntet waren, begannen die Blätter zu fallen, und viele kräftige Hirsche streiften durch das Land. Im Licht dieses Mondes konnten die Jäger die Tiere viel besser ausmachen.

November: Bibermond

Einige Leute behaupten, der Name dieses Vollmondes sei entstanden, weil die amerikanischen Ureinwohner zu dieser Zeit ihre Biberfallen aufgestellt haben, damit sie für den Winter warme Felle hatten. Andere sagen, er heißt so, weil die Biber in diesem Monat besonders eifrig an ihren Dämmen bauen.

Dezember: Kalter Mond

Die frostigen Temperaturen des Winters gaben diesem Vollmond seinen Namen. Manchmal hieß er auch Lange-Nacht-Mond, weil die Nächte im Winter viel länger sind und der Mond länger über dem Horizont steht. Christliche Siedler sprachen oft vom „Mond vor Jul“, das bedeutet „Mond vor Weihnachten“.

KAPITEL **DREI**

Mysteriöse Mythen

Der Mann im Mond

Die Menschen im westlichen Teil der nördlichen Hemisphäre glauben häufig, dass sie Teile eines Gesichts, Kopfes oder Körpers im Mond erkennen. Aber was sie eigentlich sehen, sind die „maria", oder vulkanischen Meere (dunkle Gebiete) und die Berge oder Gebirgszüge (helle Gebiete) auf dem Mond.

In der christlichen Überlieferung gibt es eine Geschichte über einen Mann, der Äste auf seinem Rücken trägt und für immer auf den Mond verbannt wurde, weil er ein Verbrechen begangen hat. Die Legende wurde angeblich von einer Erzählung aus der King-James-Bibel inspiriert. Dort wird berichtet, dass die Kinder Israels einen Mann trafen, der am Sabbat Äste sammelte. Da der Sabbat als „Tag der Ruhe" gilt, wurde der Mann von Gott zum Tode verurteilt.

In Deutschland gibt es eine ähnliche Geschichte – sie handelt von einem alten Mann, der sonntags Äste sammelt. Er trifft einen Fremden, der zu ihm sagt, dass er einen nie endenden „Mond-Tag" im Himmel verbringen muss, weil er den Sonntag auf der Erde nicht einhält. Dies soll eine Warnung für all jene sein, die die Sonntagsruhe brechen. Der Mann hat dann die Wahl, entweder in der Sonne zu verbrennen oder auf dem Mond zu erfrieren, und er entscheidet sich für Letzteres. Und so könnt Ihr jetzt angeblich bei Vollmond sehen, wie er seine Stöcke trägt.

In der Mythologie der Haida ist es ein Junge, der die Äste einsammelt. (Die Haida-Indianer sind amerikanische Ureinwohner, die an der Pazifikküste Kanadas leben.) In dieser Legende sagt der Vater zu dem Jungen, dass der Mond mit seinem Licht bei der Suche nach den Ästen helfen wird. Aber der Junge ist einfach nur faul und ärgert stattdessen den Mond. Zur Strafe wird der Junge von der Erde entführt und muss auf dem Mond bleiben.

In Rantum – einem kleinen Dorf auf der deutschen Insel Sylt – erzählt man sich, dass der Mann im Mond ein Riese ist, der die Gezeiten auf der Erde steuert, indem er bei Flut Wasser auf die Erde gießt und bei Ebbe ein Nickerchen macht.

In einer anderen alten, deutschen Geschichte geht es um eine Frau, die am Sabbat Butter herstellt – sie wird deshalb auf den Mond verbannt, und angeblich ist sie immer noch dort und hält ihr Butterfass fest.

Die skandinavische Mythologie des 13. Jahrhunderts wiederum erzählt davon, dass der Mond (Mani) zwei Kinder – einen Jungen und ein Mädchen, Hjuki und Bil – von ihren Eltern stiehlt. Als sie entführt werden, holen sie gerade Wasser aus einem Brunnen. Man erzählt sich, dass man die Kinder auf dem Mond sehen kann, wie sie den Wassereimer zwischen sich tragen.

Der Mondhase

Während man also in einigen Teilen der Welt glaubt, einen Mann im Mond zu sehen, sind die Menschen im Osten, also Asien, überzeugt, dass sie ein Kaninchen oder einen Hasen erkennen. Natürlich sind daraus über die Jahrhunderte wieder ganz viele Geschichten entstanden, besonders bei den Chinesen, aber auch bei den amerikanischen Ureinwohnern ...

Eine chinesische Legende besagt, dass der Mondhase ein enger Freund der Mondgöttin Chang'e ist und er für sie das Elixier des Lebens in einer Schale herstellt. Er lebt mit einer Kröte auf dem Mond, und man kann ihn jedes Jahr am 15. August zum Mittherbstfest sehen.

Auch in Japan und Korea ist der Mondhase sehr bekannt. Dort erzählt man sich, dass der Hase in einer Schüssel die Zutaten für Reiskuchen mischt und nicht das Elixier des Lebens.

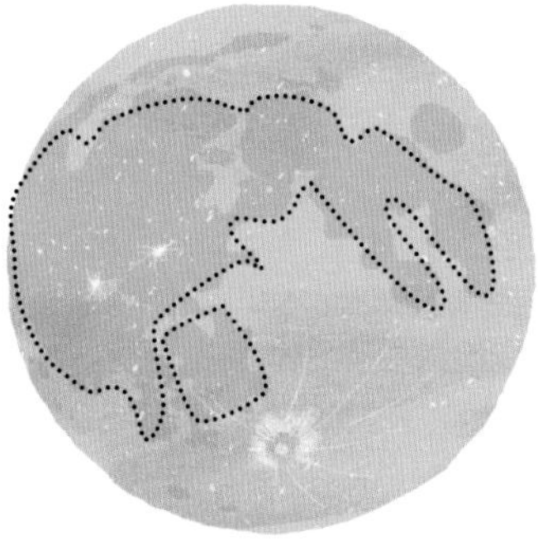

Das Mittherbstfest feiert man ebenfalls in Japan und Korea. Genau wie in China treffen sich die Menschen, um den Mond zu betrachten, und Kinder singen Lieder über den Mondhasen.

Einige Stämme der amerikanischen Ureinwohner in Amerika, Kanada und Mexiko haben eigene Geschichten über den Mondhasen. Die Azteken glaubten, dass der Gott Quetzalcoatl für eine Weile als Mensch auf der Erde gelebt hat. Einmal befand er sich auf einer großen Reise und hatte nichts mehr zu essen. Da findet ihn der Mondhase und bietet sich selbst als Mahlzeit an. Quetzalcoatl ist so beeindruckt von diesem selbstlosen Angebot, dass er den Hasen mit zum Mond nimmt und wieder zur Erde zurückbringt. Er sagt zu dem Hasen, dass dieser von nun an von allen beachtet wird, weil sein Bild ab jetzt im Licht des Mondes zu sehen ist ...

In der afrikanischen Mythologie gibt es eine Erzählung über den Mond und ein Kaninchen. In der Geschichte will der Mond den Menschen auf der Erde eine Nachricht schicken: So wie er „stirbt" und wieder lebt, werden auch sie sterben und wieder leben. Aber das Kaninchen bringt die Worte der Nachricht völlig durcheinander und verdammt damit alle Menschen zu Sterblichen.

Bei den Cree-Indianern, einem der größten Stämme von Ureinwohnern in Nordamerika, erzählt man sich, dass ein Hase einst zum Mond reisen wollte, aber nur ein Kranich war bereit, ihn zu befördern. Während des Fluges hielt sich der große Hase an den Beinen des Kranichs fest und streckte diese in die Länge – deshalb haben Kraniche heute angeblich so lange Beine. Außerdem hat der Hase in der Geschichte den Kopf des Kranichs mit seiner blutigen Pfote berührt, und davon stammt die rote Markierung auf den Köpfen der Vögel.

Wissen und Glauben

Für manche Leute ist der Mond eine Quelle des Wohlbefindens, andere sind eher skeptisch, und manche verbinden mit dem Mond sogar den Tod …

Die Zeichen falsch interpretiert?

Archäologen haben auf Pinnacle Point, einer kleinen Landzunge an der Südküste Südafrikas, eine Stätte aus der mittleren Steinzeit erforscht und stellten fest, dass die Menschen sich hier niederließen, weil es im trockenen Landesinnern zu schwierig war, zu überleben. Sie lebten damals von Meeresfrüchten, die mit den Springfluten angespült wurden. Damit ihr Fang erfolgreich war, haben sie sicher auch die Mondphasen studiert und wussten daher, wann Niedrigwasser war. Wer die Mondphasen falsch gedeutet hat, ist bei Springflut in See gestochen und umgekommen …

Licht und Schatten

Die Hindus assoziieren den Tod mit dem Verlust des Bewusstseins und stellen ihn als Schatten dar. Die Sonne gilt als Quelle des Lichts und ist ein Symbol für Gott, während der Mond zum Symbol für Geburt und Tod geworden ist, weil er ständig zwischen Licht und Schatten hin- und herreist.

Verlorene Seelen

Die frühen Hindus glaubten sogar, dass die Seelen der Toten zur Wiedergeburt auf den Mond zurückkehrten. In der Bhagavadgita, einer Sammlung heiliger Hindu-Schriften aus dem 5. bis 2. Jahrhundert v. Chr., werden zwei Wege beschrieben, die eine Seele nach dem Tod nehmen kann. Ein Weg ist der Weg der Sonne (von dem eine Seele nie wiederkehrt), der andere ist der Weg des Mondes (von wo die Seele zurückkehrt).

Menschenfresser

Bei den Maori glaubte man, dass der Mond den Tod auslöste. Sie nannten ihn „Hina, den Menschenfresser". Frühe Tartaren (ein turksprachiges Volk, das in Teilen von Russland, Zentralasien und Europa lebte) waren sogar der Meinung, dass ein menschenfressender Riese auf dem Mond lebte!

Aberglauben?

Wir haben von Aberglauben und Mythen gehört, die den Mond in einem schlechten Licht zeigen, bei anderen hingegen scheint er eher ein Opfer zu sein …

Das Volk der Efik-Ibibio (einer der größten Stämme in Nigeria, Westafrika) erzählt sich eine Legende über eine Flut. Sonne und Mond (die Mann und Frau waren) luden ihre Freundin, die Flut, auf die Erde ein. Die Flut lehnte die Einladung aber ab, denn das Haus sei für sie alle zu klein.

Also bauten Sonne und Mond ein größeres Haus, einen Palast, und luden die Flut erneut ein. Schließlich sagte die Flut zu und kam, und das Wasser stieg schnell bis zu den Dachbalken, sodass Sonne und Mond Schutz auf dem Dach des Hauses suchen mussten. Die Flut stieg jedoch immer weiter bis über das gesamte Haus, und die arme Sonne und ihr Mond mussten an den Himmel flüchten …

Die Eingeborenen in Zentral- und Südafrika erzählen sich, dass Sonne und Mond einst zu einer Familie gehörten. Als sie noch Kinder waren, sollten sie eines Tages das Vieh hüten, aber sie stritten darüber, wessen Tiere zuerst an die Tränke durften. Sie wurden sehr zornig und kämpften schließlich miteinander. Der Mond stieß die Sonne in den Matsch, die Sonne wehrte sich und stieß den Mond in den Schlamm.

Die Sonne sagte, sie seien jetzt quitt, und bat den Mond, sie sauber zu machen. Dies tat der Mond und er machte die Sonne wieder strahlend hell, die Sonne jedoch weigerte sich, den Mond zu waschen. Und so erzählt man sich, dass der glanzlose Mond von ihrer Erscheinung dermaßen beschämt war, dass er sich tagsüber versteckte und nur noch nachts rauskam.

Die Füchsin und der Wolf

Eine Fabel

Es gab einmal einen gefräßigen Wolf, der in einem Wald lebte. Eines Nachts begegnete er einer Füchsin und betrachtete sie gierig. Aber die Füchsin war schlau und hatte einen Plan und sagte zu dem Wolf: „Folge mir und du wirst so viel essen können, wie du nur willst." Die Füchsin führte den Wolf an einen See und deutete auf das Spiegelbild des Mondes im Wasser. „Schau dir nur diesen köstlichen Käselaib an!" Der Wolf leckte sich die Lippen und begann, am Wasser zu schlecken. Er trank immer mehr und mehr Wasser und wurde immer dicker und dicker, bis er – Paff! – in tausend Teile zerplatzte!

KAPITEL **VIER**

Der Mond und unser Körper

Magisches Geheimnis?

Wusstet Ihr, dass unser Körper zu mehr als der Hälfte aus Wasser besteht? Sogar unsere Knochen enthalten Wasser!

Kann der Mond auch in unserem Körper etwas auslösen?

Wie wir ja bereits wissen, haben sowohl die Sonne als auch der Mond mit den Gezeiten der Erde zu tun. Ihre Kräfte sind so stark, dass sogar die Erdkruste durch sie bewegt wird. Diese „Streckung“ bezeichnen wir als Erdgezeiten. Die Gezeiten in den Meeren sind richtig große Ereignisse. Sie erfolgen, weil Mond und Erde jeweils eine große Masse besitzen und dadurch eine starke Anziehungskraft zwischen den beiden herrscht.

Auf unserem Planeten gibt es jeden Tag zwei Mal Ebbe und zwei Mal Flut, was jeweils auf der entgegengesetzten Seite der Erde passiert. Dennoch wurden bisher noch keinerlei Beweise gefunden, dass die Schwerkraft des Mondes auch das Wasser in unseren Körpern beeinflusst. Vielleicht liegt es ja daran, dass die „Gezeiten in uns“ einfach zu gering sind? Immerhin gibt es auch in einigen Seen Ebbe und Flut – was man nicht wirklich sieht …

Fruchtbarkeit der Frauen

Viele Menschen glauben, der Mond könne den Zeitpunkt beeinflussen, wann eine Frau schwanger wird. Im Laufe der Geschichte haben viele Kulturen den Mondzyklus mit der Fruchtbarkeit der Frau verbunden. Das nennen wir die „Mondwirksamkeit" – also Veränderungen in unserem Körper und Verhalten durch die verschiedenen Mondphasen.

Ist es wirklich wahr, dass der Mond und seine Phasen einen Einfluss auf die Fruchtbarkeit einer Frau haben? Bisher gibt es dazu nur wenige Studien – die meisten Informationen stammen von Frauen, die über ihre eigenen Erfahrungen berichtet haben. Jedoch existiert die Vorstellung, dass Frauen bei Vollmond leichter schwanger werden, bereits seit Jahrhunderten. Auch die alten Römer glaubten daran, deshalb war auch ihre Fruchtbarkeitsgöttin gleichzeitig die Göttin des Mondes. (Diana war die römische Göttin der Jagd und der wilden Tiere. Sie übernahm später die Aufgabe von Luna, der römischen Göttin des Mondes, und war zuständig für Fruchtbarkeit und Geburt.)

Werden bei Vollmond mehr Babys geboren?

Vielleicht habt ihr auch schon mal gehört, dass angeblich in Vollmondnächten mehr Babys geboren werden. Manche Hebammen behaupten dies, und auch Forscher haben sich damit befasst. Es konnten aber kaum Beweise dafür gefunden werden.

Im Jahr 2001 hat sich der Astronom und Physiker Daniel B. Caton in einer Studie intensiv mit dem Thema beschäftigt. Er wertete Daten aus 20 Jahren Forschung durch das US-amerikanische National Center for Health Statistics aus und fand keinerlei Hinweise auf einen Zusammenhang zwischen Vollmond und Geburten. Dafür hat er unglaubliche 70 Millionen Geburten analysiert!

Schlafstörungen und andere Probleme

Im Jahr 2000 führte die Universität von Basel in der Schweiz eine Studie durch, aus der hervorgeht, dass der Mond unseren Schlaf beeinflusst …

An der Studie nahmen 33 Personen teil, die in einem völlig abgedunkelten Labor schliefen. Der Schlaf wurde über dreieinhalb Tage aufgezeichnet und keiner der Schläfer war darüber informiert, dass man auch die Mondphasen einbeziehen würde. Die Studie ergab, dass die Personen bei Vollmond 20 Minuten weniger schliefen. Außerdem brauchten sie fünf Minuten länger, um einzuschlafen, und ihr Schlaf war ein Drittel weniger tief als in Nächten ohne Vollmond.

Heißt das, dass der Vollmond die Qualität unseres Schlafes wirklich negativ beeinflusst? Das könnte durchaus der Fall sein. Es gibt tatsächlich Forschungen, die belegen, dass die Wirkung des Mondes auf unseren Schlaf in Vollmondnächten stärker ist, was mit der erhöhten Lichtmenge in diesen Nächten in Zusammenhang gebracht wird.

Wenn nun also der Vollmond Aktivitäten wie unseren Schlaf beeinflussen kann, könnte er dann auch andere Situationen beeinflussen – zum Beispiel den Erfolg von Operationen? Es gibt Berichte, dass Chirurgen früher nicht bei Vollmond operieren wollten. Sie waren der Meinung, dass Patienten während dieser Zeit mehr Blut verloren, was das Risiko, zu sterben, erhöhte.

Wie dem auch sei …

Das Interactive Cardiovascular and Thoracic Surgery Journal veröffentlichte 2013 einen Artikel über eine Studie am Rhode-Island-Krankenhaus in den Vereinigten Staaten von Amerika. Dabei fand man heraus, dass Patienten mit einer Notoperation am Herzen während eines abnehmenden Vollmondes seltener verstarben, und Patienten, die bei Vollmond operiert wurden, verbrachten etwa vier Tage weniger im Krankenhaus als jene, die während anderer Mondphasen operiert worden waren.

Auch wenn es keine wirklich einheitliche Meinung über die Bedeutung des Mondes bei Operationen gibt, so glauben doch etliche Leute, dass es zwischen dem Mond und Epilepsie eine Verbindung gibt, der Körper zuckt unkontrollierbar während der Anfälle. Früher, so sagt man, haben die Menschen epileptische Anfälle als Folge von Hexenwerk oder dämonischen Kräften betrachtet, damals hatte man noch keine medizinischen Kenntnisse darüber und versuchte, eine „mystische" Erklärung dafür zu finden.

Ist denn da was Wahres dran?

Das Institute of Neurology am University College London hat Ende des 20. Jahrhunderts eine Studie durchgeführt. Man hat sich die Akten einer Epilepsie-Station genau angesehen, in denen die genauen Zeiten der Anfälle der Patienten vermerkt waren.

Aus der Studie ging hervor, dass es bei Vollmond sogar weniger epileptische Anfälle gegeben hatte. Experten sind der Auffassung, dass es am Melatonin liegt, einem Hormon, das der Körper nur bei Nacht und Dunkelheit produziert.

KAPITEL **FÜNF**

Der Mond und unser Verhalten

Eine verrückte Idee

Als „mondsüchtig“ bezeichnen wir Menschen mit einem sehr merkwürdigen Verhalten. Das englische Wort „lunatic“ bedeutet verrückt und stammt von dem lateinischen Wort „luna“, was wiederum Mond bedeutet – daher also der Glaube, dass Veränderungen am Mond zu verrücktem Verhalten führen können.

Hat schon mal jemand die Verbindung zwischen den Mondphasen und unserem Verhalten studiert?

Guy Cramer ist Präsident der United Dynamics Corp in Colorado, einer Firma, die Weltraumforschung betreibt – und sagt, er hätte das getan. Er behauptet, dass der Vollmond im Jahr 2000 das Verhalten der Wähler bei den US-Präsidentschaftswahlen beeinflusst haben könnte. Aber wie? Er ist der Meinung, dass positive und negative Ionen (Moleküle in der Atmosphäre mit positiver oder negativer Ladung) direkt mit dem Mond in Verbindung stehen, und während der Zeit des Vollmondes steigt die Anzahl der positiven Ionen.

Er verglich also die Daten über die Anzahl von positiven und negativen Ionen in der Atmosphäre mit der Meinung der Wähler über die Kandidaten für die Wahl, und Guy Cramer bemerkte etwas in den letzten vier Wochen vor der Wahl am 7. November …

An Tagen mit hoher Aktivität von negativen Ionen tendierten die Wähler eher zu George W. Bush (dem 43. Präsidenten der USA). Guy Cramer vertrat die Meinung, dass die Leute an diesen Tagen eher ruhig und klardenkend waren. An Tagen mit einer hohen Aktivität an positiven Ionen, also um den Vollmond herum, waren die Menschen gestresster und nicht wirklich bei der Sache, dann tendierten sie eher zum Gegenkandidaten, dem amerikanischen Politiker Al Gore.

Guy Cramer könnte also durchaus eine Verbindung zwischen dem Vollmond und dem Wahlverhalten gefunden haben, aber die Anhänger von Al Gore würden ihm sicher widersprechen, wenn es darum geht, wer hier „klar denkt“ …

Wie könnte also der Vollmond unsere Sicht der Dinge beeinflussen? Wären die Menschen dann zum Beispiel während eines Vollmonds weniger risikobereit an der Börse, sodass sie weniger Profit aus ihren Investments ziehen könnten?

Diese Auffassung scheinen Ilia D. Dichev und Troy D. Janes von der University of Michigan Business School in Amerika zu vertreten. Sie haben über 30 Jahre hinweg mehr als 20 Börsen beobachtet und fanden heraus, dass es eine enge Verbindung zwischen den Mondzyklen und den Aktienkursen gibt.

2003 veröffentlichten sie eine grafische Darstellung im Journal of Private Equity mit den täglichen Gewinnen an der Börse aus verschiedenen G7-Staaten (Länder, die mehr als 64 % des Gesamtvermögens der Welt besitzen) wie z. B. die USA, Großbritannien und Japan. Bei Neumond waren die Gewinne deutlicher höher als bei Vollmond. Das sind so Theorien ...

Auch Menschen, die für Notfalldienste arbeiten, wie Polizei, Ärzte oder Krankenschwestern, haben berichtet, dass in Nächten mit Vollmond viel mehr zu tun ist. Passieren also in solchen Nächten mehr Notfälle? Dazu wurden schon viele Studien unternommen, die leider bisher keine echten Beweise erbracht haben.

Vielleicht liegt es ja auch nur an den Statistiken und nicht an der „Verrücktheit". Ein wunderschöner Vollmond lockt einfach mehr Menschen nach draußen – oder das helle Mondlicht macht es Dieben und Einbrechern leichter. Wer weiß? Wenn es also etwas mehr Aktivitäten während einer Vollmondnacht gibt, dann kann das durchaus zu einem leichten Anstieg bei Verbrechen, Unfällen oder Verletzungen führen.

Es kann auch sein, dass das Licht des Vollmonds die Menschen am Schlafen hindert – und wenn sie dann zu wenig Schlaf hatten, können sie möglicherweise auch keine vernünftigen Entscheidungen treffen. Oder die Menschen werden auf den Vollmond aufmerksam, wenn merkwürdige Dinge passieren, aber wenn komische Sachen während anderer Mondphasen geschehen, dann bringen sie dies nicht mit dem Nachthimmel in Verbindung.

Das Verhalten der Tiere

Nicht nur das menschliche Verhalten steht unter dem Einfluss der Mondphasen. Aus Studien geht hervor, dass bei Vollmond mehr Haustiere zur Notfallsprechstunde bei Tierärzten gebracht werden. Heißt das also, dass sich auch Tiere in diesen Nächten merkwürdig verhalten?

Bei einigen Tieren bedeutet Vollmond gleich Liebe … Und das kann man einmal im Jahr ganz besonders am Great Barrier Reef in Australien beobachten. Jedes Jahr im Frühling setzen Tausende von Korallen vor der australischen Küste Eier und Sperma frei, und das sieht dann aus wie ein vielfarbiger Schneesturm unter Wasser!

Wissenschaftler behaupten, dass die Korallen genau wissen, wann Vollmond ist, denn sie besitzen ein uraltes Gen, weshalb sie fühlen können, wie viel Mondlicht auf das Wasser auftrifft. Sämtliche Korallenarten in Australien benutzen den Mondzyklus und setzen Eier und Sperma zur selben Zeit frei, dadurch wird die Vermehrung natürlich viel erfolgreicher.

Ein wenig nordwestlich von Australien liegt Christmas Island, wo es ein weiteres Liebesfest im Wasser gibt …

Jedes Jahr zur gleichen Zeit während der Regenzeit machen sich Millionen von roten Krabben (*Gecarcoidea natalis*) auf den Weg von den Wäldern zum Meer, wo sie sich paaren und ihre Eier im Meer ablegen. Der Zeitpunkt ihrer Reise hängt von den Mondphasen ab. Es ist wichtig, dass die Weibchen ihre Eier bei Flut im Meer ablegen, wenn der Mond im letzten Viertel steht. Das ist auch der Zeitpunkt der sogenannten Nippflut (wenn der Unterschied zwischen Ebbe und Flut am geringsten ist). Für die weiblichen Krabben ist es dann sicherer, ins Wasser zu gelangen und die Eier abzulegen. Gleichzeitig bedeutet das, dass die Larven (junge Krabben) nicht zu weit von der Insel weggetrieben werden.

Der Reproduktionszyklus vieler Meeresbewohner ist mit der wechselnden Einstrahlung des Mondlichts und den Gezeiten verbunden, die wiederum von den Mondphasen beeinflusst werden. Tiere, die ihr Verhalten dem Zyklus des Mondes anpassen, haben eine sogenannte „Monduhr".

Eine Zuckmückenart (die Clunio marinus), die nicht sticht, kommt an der europäischen Atlantikküste vor, also in einem Gebiet, das bei Ebbe über Wasser und bei Flut unter Wasser liegt. Die erwachsenen Mücken leben nur wenige Stunden, das heißt, sie müssen sich in kürzester Zeit vermehren. Dies machen sie während der niedrigsten Ebbe, die es im Frühjahr bei Neu- und Vollmond gibt.

Um also genau den richtigen Zeitpunkt zu treffen, besitzen die Mücken zwei innere Uhren: eine Tagesuhr, die sich nach der Sonne richtet, und eine Monduhr (Monat), die sich nach dem Mond richtet. Aber die tiefsten Niedrigwasser kommen zu verschiedenen Zeiten vor, je nachdem wo man sich befindet. Daher müssen die Mücken ihre inneren Uhren nach dem jeweiligen Standort „einstellen". Forscher haben herausgefunden, dass wahrscheinlich ein Protein im Körper der Tiere dafür sorgt, dass die Uhren sich an die jeweilige Umgebung anpassen.

Die Palolowürmer von Samoa (*Palolo viridis*) leben in den Gewässern der pazifischen Inseln rund um Samoa, nordöstlich von Australien. Sie vermehren sich nur während des letzten Mondviertels. In einigen wenigen Nächten im Frühling oder Frühsommer (das ist Oktober oder November bei uns) verlieren Tausende dieser Würmer ihr hinteres Ende!

Palolowürmer verbringen den Großteil ihres Lebens in seichtem Wasser. Vor der Vermehrung wachsen ihnen Schwänze, die entweder Sperma oder Eier enthalten (ja nachdem, ob es sich um ein Männchen oder Weibchen handelt). Diese „Schwänze" besitzen auch so etwas wie „Augen" (damit können sie das Mondlicht wahrnehmen).

Sobald also die richtige Mondphase gekommen ist, stoßen die Würmer die Schwänze ab, die dann zu Wasseroberfläche aufsteigen. Der Rest des Wurmkörpers bleibt auf dem Grund des Meeres. Jedes Jahr wachsen den Würmern neue Schwänze für ihre Fortpflanzung.

Die Schwänze der Würmer (manche sagen auch epitoke Segmente) sind eine Delikatesse für die Bewohner von Samoa. Man isst sie gekocht, gebraten oder auch roh. Man muss jedoch beim Fangen sehr schnell sein, denn wenn man etwas zu lange wartet, zerfallen sie und werden zu einer Mischung aus Eiern und Sperma. Diese Masse wiederum verwandelt sich rasch in Larven, die auf den Meeresboden sinken, um zu erwachsenen Würmern heranzuwachsen.

Der Atlantik-Palolo (*Eunice furcata* oder *E. schemocephala*) ist sehr weit verbreitet in den Korallenriffen des Westindischen Ozeans, er schwärmt während des letzten Viertels des Juni-Juli Mondes aus. Der japanische Palolo (*Tylorrhynchus heterochaetus*) lebt in den Küstengewässern Japans und gilt ebenfalls als kulinarische Delikatesse.

In diesem Kapitel geht es nicht nur um Liebe am Meer. Manche Tierarten richten sich nämlich bei ihrer Suche nach Nahrung oder Beute nach den Mondphasen …

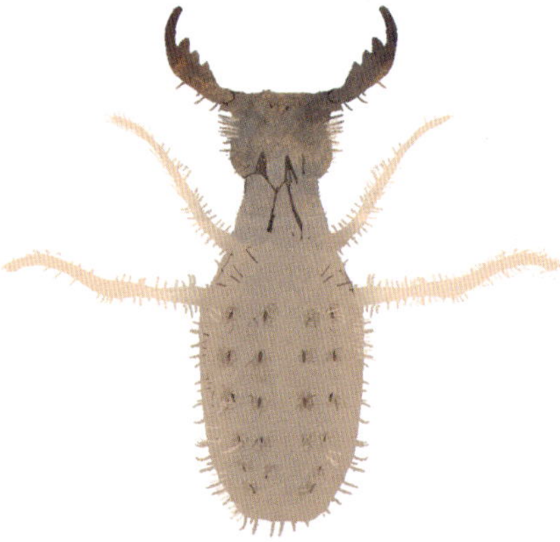

Die Larven der Ameisenjungfern (*Myrmeleontidae*, Netzflügler) sind dafür bekannt, dass sie Löcher in den Sand graben, um damit ihre Beute, wie Ameisen oder Spinnen, zu fangen. Bei Vollmond graben sie extrem große Löcher. Wir denken, dass diese großen Löcher die Chancen der Ameisenjungfern auf Beute erhöhen, weil bei Mondlicht viel mehr Insekten aktiv sind.

Von den Jungfern zu den Löwen: afrikanische Löwen (*Panthera leo*) jagen am liebsten bei Nacht. Manchmal schlagen sie jedoch auch am Tag ihre Beute – und das passiert meist nach Vollmond. Sie fressen nämlich weniger während der hellen Mondnächte (weil ihre Beute dann weniger aktiv und schwerer zu fangen ist), deshalb gehen sie erst während der Tage und Nächte nach einem Vollmond auf die Jagd.

Einige Arten des Ziegenmelkers (einer Schwalbe, die meist nachts aktiv ist) richten sich bei ihrer Eiablage nach dem Zyklus des Mondes, sodass die Jungen etwa zehn Tage vor Vollmond schlüpfen. Auf diese Weise können die Altvögel nachts große Mengen an Insekten als Futter für ihre Jungen fangen, weil der Mond fast voll und damit sehr hell ist.

Während also ein paar Tierarten den Mond zu ihrem Vorteil nutzen, suchen sich andere eher ein Versteck. Diese Angst vor dem Mond bezeichnen wir als „Lunaphobie“, und ganz offensichtlich sind viele Fledermäuse weltweit davon betroffen, sie verstecken sich bei Vollmond im Dunkeln.

Mexikanische Wissenschaftler haben herausgefunden, dass Fledermäuse, die in offenen Bereichen leben und jagen, in mondhellen Nächten viel weniger aktiv sind als jene, die in dunkleren, geschützten Gebieten leben. Das liegt sicher auch daran, dass die Fledermäuse in den offenen Bereichen bei Vollmond leichter von ihren Fressfeinden entdeckt werden. Es gibt jedoch auch Studien, die besagen, dass einige Arten, die hoch oben in Baumwipfeln leben, in hellen Nächten gleichbleibend aktiv sind – man vermutet, dass es sich hier um schneller fliegende Arten handelt, die weniger Fressfeinde haben.

Habt Ihr gewusst, dass Skorpione in der Dunkelheit leuchten? Wenn ultraviolette Strahlen des Mondlichts auf ihren Panzer treffen, dann reagiert dort eine bestimmte Substanz. Einige Forscher glauben, dass dies den Skorpionen hilft, einander in der Wüste zu finden. Andere wiederum denken, dass dies nur zur Verwirrung der Beute dient. Weitere Studien besagen, dass die Skorpione ihre Leuchttechnik einsetzen, um zu entscheiden, ob sie ihr Erdloch verlassen und ungefährdet Beute machen können.

Skorpione sind Nachtlebewesen, aber sie kommen nicht gerne in mondhellen Nächten oder bei Vollmond heraus. Man glaubt, dass sie das Mondlicht nicht wahrnehmen können – und daher auch nicht wissen, ob die Nacht so hell ist, dass Feinde sie entdecken können –, aber sie können das grüne Leuchten erkennen und somit ihren eigenen Schein im Mondlicht.

KAPITEL **SECHS**

Der Mond in unserer Fantasie

Der Mond in der Literatur

In vielen Werken von Kunst und Literatur spielt der Mond eine große Rolle. Er hat unglaublich viele Menschen inspiriert: Autoren, Liedermacher, Poeten oder Filmemacher. Daher ist es auch nicht verwunderlich, dass einige dieser Leute den Mond in schlaflosen Nächten regelrecht um Erleuchtung angefleht haben.

Frühe Erzähler

Ein berühmtes Epos des italienischen Dichters Ludovico Ariosto ist eine der frühesten Abhandlungen über den Mond, die bereits im Jahr 1532 veröffentlicht wurde. Dieses extrem lange Gedicht heißt „Orlando Furioso“ (Der rasende Roland) und hat insgesamt 38.736 Zeilen und ist somit eines der längsten in der europäischen Literaturgeschichte. Es erzählt die Geschichte des Ritters Orlando, der sich in Prinzessin Angelica verliebt. Angelica wiederum verliebt sich in einen anderen, und Orlando wird daraufhin wahnsinnig und zerstört alles, was ihm in den Weg kommt.

Ein anderer Ritter, Astolfo, will Orlando helfen und fliegt mit einem flammenden Streitwagen zum Mond. In dem Gedicht heißt es, dass man alles, was man auf der Erde verloren hat, auf dem Mond wiederfinden kann – also auch Orlandos Verstand. Astolfo bringt alles in einer Flasche zurück, er lässt Orlando daran riechen und in diesem Augenblick ist Orlando wieder bei Verstand.

Durch die Erfindung des Teleskops im frühen 17. Jahrhundert stellten die Menschen fest, dass der Mond wohl nicht ganz so glatt und „perfekt“ ist, wie es aus der Entfernung scheint …

Sie sahen nun einen weiteren, erdähnlichen Himmelskörper mit Bergen und Kratern. Dadurch kamen einige Schriftsteller vielleicht auf die Idee, dass es dort auch Leben geben könnte …

Der deutsche Mathematiker und Astronom Johannes Kepler schrieb 1608 den Roman „Somnium“ und baute im Jahr 1611 sein eigenes Teleskop. Der Buchtitel ist das lateinische Wort für Traum. Die Geschichte erzählt von einem isländischen Jungen und seiner Hexenmutter. Die Mutter kann Dämonen heraufbeschwören, die ihnen von weit entfernten Orten berichten. Einer dieser Orte ist die Insel Levania (der Mond). In dem Buch findet man auch eine detaillierte Beschreibung, wie die Erde vom Mond aus aussieht. Darüber hinaus gilt der Roman als eines der ersten Science-Fiction-Bücher, in denen der Mond sehr realistisch beschrieben wird.

Mehr Geschichten über den Mond

Jules Verne war ein französischer Schriftsteller. Sein Buch „De la Terre à la Lune“ (Von der Erde zum Mond) wurde 1865 veröffentlicht und ist ein Science-Fiction-Buch über die Reise zum Mond. Es handelt von einer Gruppe Waffenliebhaber, die eine Riesenkanone bauen, mit der sie drei Menschen auf den Mond schießen wollen. Verne hat auch verschiedene Berechnungen zum Bau der Kanone miteinfließen lassen, die vom technologischen Fortschritt seiner Zeit beeinflusst waren.

Sein Folgeroman „Autour de la Lune“ (Reise um den Mond) erschien 1870. Verne beschreibt hier, was die Männer auf ihrer Reise zum Mond erlebt haben.

Die Idee der Abenteuer auf dem Mond baute der englische Autor H.G. Wells in seinem 1901 erschienenen Buch „The First Men in the Moon“ (dt. Erstveröffentlichung: „Die ersten Menschen im Mond“) noch weiter aus.

Der Geschäftsmann Mr. Bedford und der Wissenschaftler Mr. Cavor reisen in diesem Roman mit einem Raumschiff zum Mond. Bei ihrer Landung entdecken sie insektenähnliche Lebewesen, die „Seleniten“, die dort in Höhlen leben (ihr Name stammt von der griechischen Mondgöttin Selene).

Reisen zum Mond und darüber hinaus haben die Fantasie der Menschen angeregt und waren auch in anderen Medien beliebte Themen, unter anderem auch in Kinderbüchern …

Das Abenteuer „Tim und Struppi – Reiseziel Mond“ wurde von dem belgischen Cartoonisten Georges Remi (unter seinem Pseudonym Hergé) geschrieben und nahm Kinder mit auf eine Reise zum Mond. Die Abenteuerserie begann eigentlich als Comic in der Beilage einer belgischen Kinderzeitung, „Le Petit Vingtième“ (Der kleine Zwanzigste) im Jahr 1929.

Tim, der Held der Geschichten, ist ein junger Reporter und Abenteurer, der von seinem treuen Hund Struppi begleitet wird. „Reiseziel Mond“ wurde als Sammlung 1953 veröffentlicht. Tim und sein Freund Kapitän Haddock werden darin von Professor Bienlein zur Forschungseinrichtung Sbrodj eingeladen, wo der Professor an einem streng geheimen Projekt arbeitet: einer bemannten Mission zum Mond.

Bevor er die Geschichten über Tims Abenteuer auf dem Mond schrieb, hat Hergé selbst viel über die Möglichkeit der bemannten Raumfahrt geforscht. Sein Ziel war es, möglichst realistische Erzählungen zu schreiben. Seine Mondrakete wurde vom Design der V2-Rakete inspiriert, die die Deutschen im Zweiten Weltkrieg bauten, und seine Vorstellung von einem Weltraumanzug kam den tatsächlichen in späteren Mondmissionen schon sehr nahe …

„You WILL go to the Moon" (Du wirst zum Mond fliegen) wurde von Mae und Ira Freeman geschrieben und im Jahr 1959 in den USA veröffentlicht – zehn Jahre vor der ersten Mondlandung. In der Geschichte unternimmt ein kleiner Junge eine imaginäre Reise zum Mond. Das Buch gehörte zu einer Reihe für Erstleser, die gerade mit dem Lesen beginnen, und wurde betreut von dem bekannten amerikanischen Kinderbuchautor Dr. Seuss (Theodor Giesel).

In der Zeit vor den Apollo-Mondlandungen war dies eines der ersten Bücher, das junge Leser mit den bevorstehenden Flügen zum Mond vertraut machte. Es erklärte auf einfache Weise, wie die Missionen ablaufen würden, aber behielt dennoch den wissenschaftlichen Hintergrund im Auge – sogar der Start einer Dreistufenrakete wurde beschrieben.

Die Autoren und Lektoren wollten die wissenschaftlichen Aspekte so akkurat wie möglich darstellen und baten sogar die Forschungs- und Entwicklungsabteilung der US-Luftwaffe darum, das Buch Korrektur zu lesen.

Im Jahr 1961 kündigte Präsident John F. Kennedy an, dass die USA noch vor 1970 Astronauten auf den Mond schicken würden, und damit wurde die Fantasie zur Wirklichkeit …

Der amerikanische Autor Jerome Beatty Jr. schrieb die Kinderbuchreihe „Matthew Looney" (zwischen 1961 und 1978), mehrere Weltraumgeschichten über einen nicht-menschlichen Jungen. Matthew und seine Schwester Maria leben in der Stadt Crater Plato auf dem Mond, dessen Bewohner unbedingt die Erde überfallen wollen. Jerome Beatty Jr. begann auf der Höhe der Weltraumflüge, seine Geschichten zu schreiben – zu einer Zeit, als die Kinder von der Idee der Mondmissionen und Abenteuern auf dem Mond gefesselt waren.

Sogar heute – fünfzig Jahre nach der ersten Mondlandung – sind immer noch Autoren auf der ganzen Welt fasziniert davon …

Die englische Autorin Sally Gardner schrieb 2012 „Maggot Moon": eine Geschichte, die in den 1950er-Jahren in England spielt und beschreibt, wie das Leben wäre, wenn die Alliierten und die Sowjetunion – also England, Frankreich, die Vereinigten Staaten von Amerika und die UdSSR – den Zweiten Weltkrieg verloren hätten. Der fünfzehn Jahre alte Standish Treadwell ist Legastheniker und weiß genau, was um ihn herum passiert. Er und sein Freund Hector träumen davon, zu den Sternen als Heimatland zu fliegen und damit die erste Nation zu sein, die einen Menschen zum Mond schickt. Aber die Mondmission des Vaterlands verläuft ganz anders …

Feuer!

Der Mond stieg in reinster Klarheit am Firmament empor, die funkelnden Sterne seiner Umgebung überstrahlend. Bereits über das Zwillingsgestirn hinaus befand er sich eben am Horizont auf halber Bahn bis zum Zenit. Eine Stille zum Erschrecken lastete auf der ganzen Szene! Kein Windhauch über der Erde! Kein Atemzug aus der Brust der Beobachter! Die Herzen wagten keinen Pulsschlag! Alle Blicke waren angstvoll auf die klaffende Mündung der Kolumbiade gerichtet.

Murchisons Auge begleitete die Nadel seines Chronometers. Kaum noch vierzig Sekunden hatten zu verfließen und jede dauerte eine Ewigkeit! Bei der zwanzigsten entstand ein allgemeines Schaudern, es fiel der Menge ein, dass die eingeschlossenen Reisenden ebenso die schrecklichen Sekunden zählten! Man vernahm einzelne Rufe:

‚Fünfunddreißig! – Sechsunddreißig! – Siebenunddreißig! – Achtunddreißig! – Neununddreißig! – Vierzig! FEUER!'

Sofort drückte Murchison mit dem Finger auf die Taste der Batterie, sodass die hergestellte Strömung den elektrischen Funken auf den innersten Grund der Kolumbiade geleitet wurde.

Es ertönte ein fürchterlicher, unerhörter, donnerartiger Knall, der ebenso wie das Donnern und das Krachen beim Ausbruch eines Vulkans über alle menschlichen Begriffe hinausging! Eine himmelhohe Feuersäule schoss aus dem Boden wie aus einem Krater empor. Die Erde erbebte, und nur einzelne Personen konnten einen Augenblick lang das Projektil erkennen, wie es inmitten flammender Rauchschwaden siegreich in die Lüfte empordrang!"

Textauszug aus: „Von der Erde zum Mond" von Jules Verne

Im Theater

„Ein Sommernachtstraum" (A Midsummer Night's Dream) ist ein sehr bekanntes Theaterstück des englischen Dichters und Dramatikers William Shakespeare (1564–1616), das bis heute häufig aufgeführt wird.

Die romantische Komödie spielt in Athen, Griechenland, und handelt von einer königlichen Hochzeit, einem magischen Wald voller Elfen, einer Gruppe Schauspieler und viel Verwirrung! Im Laufe des Stücks wird ständig auf den Mond Bezug genommen: Er zeigt den Verlauf der Zeit an, und einer der Charaktere, Theseus, gibt dem abnehmenden Mond sogar die Schuld, dass er so lange auf seine Hochzeitsnacht warten muss. Die meisten romantischen Szenen des Stücks spielen bei Mondlicht.

Wir wissen, dass Menschen in der elisabethanischen Zeit glaubten, dass der Mond „launisch" sei (also, dass er seine Meinung oder Gefühle plötzlich und unerwartet änderte) – denn er nimmt ja ab und zu. Aus diesem Grund hat William Shakespeare vielleicht den Mond eingesetzt, um den Wechsel der Akteure von verliebt zu nichtverliebt im Laufe des Stücks darzustellen … Wie dem auch sei, der Mond spielt jedenfalls eine große Rolle, und das gab möglicherweise auch den Ausschlag, dass Wissenschaftler später drei der Uranus-Monde nach Charakteren dieses Stücks benannt haben: Titania, Oberon und Puck.

Filme im Kino

1902 führte Georges Méliès Regie bei dem ersten Kinofilm über eine Reise zum Mond, einem französischen Stummfilm. Die Reise zum Mond zeigte, wie eine Rakete auf dem Mond landete, und wurde von Jules Vernes Romanen und „Die ersten Menschen auf dem Mond“ von H. G. Wells inspiriert. Der Film handelt von einer Gruppe Astronomen, die in einer Raumkapsel zum Mond fliegen, dort den Seleniten entkommen, die unter der Erde leben, und mit einem von ihnen als Geisel zur Erde zurückkehren. Der Film sollte nicht realistisch sein, sondern sich über die Wissenschaft der damaligen Zeit lustig machen.

Der erste ernsthafte Science-Fiction-Stummfilm ist die „Frau im Mond“, der 1929 in Deutschland erschien. Fritz Lang führte Regie. In den Vereinigten Staaten von Amerika hieß der Film „By Rocket to the Moon“, in Großbritannien „Woman in the Moon“. Zum ersten Mal konnte ein großes Publikum Fakten über Reisen mit Mondraketen lernen und eine Dreistufenrakete sehen. Der Film und das Design der Rakete waren so realistisch, dass die Nazis ihn 1945 auf den Index setzten, weil die Ähnlichkeit zu ihrer V2-Rakete zu groß war.

Bugs Bunny, der Cartoon-Hase, war seiner Zeit voraus! Er war im 1948 erschienen Film „Haredevil Hare“ (Hasen im Weltall) von Warner Brothers der erste Hase, der zum Mond flog. Gegen seinen Willen wird Bugs Bunny in eine Rakete verschleppt – aber er trägt es dann mit Fassung, als er feststellt, dass die Rakete voll mit Möhren ist! Als er auf dem Mond ankommt, gelingt es ihm sogar, den Marsianer Marvin davon abzuhalten, die Erde in die Luft zu jagen.

„Destination Moon“ (Endstation Mond) erschien 1950 und wurde von George Pal produziert unter der Regie von Irving Pichel. Dies war der erste große US-Science-Fiction-Film, der sich mit den Gefahren für den Menschen bei Weltraumreisen beschäftigte. In der Schlussszene nähert sich die Crew der Erde und statt „Ende“ erscheinen auf der Leinwand die Worte: „Das ist das ENDE … vom Anfang“.

Walt Disney drehte zwischen 1955 und 1957 den Fernseh-Dreiteiler „Man in Space“, „Man and the Moon“ und „Mars and Beyond“ (Der Mensch im Weltall, Der Mensch und der Mond, Leben auf dem Mars). Er kombinierte dabei Dokumentationen mit Animation und seine Filme zeigten die Geschichte der Raketen, einen humorvollen Blick auf unsere Faszination für den Mond sowie Schauspieler, die „echte“ Szenen in einem speziell konzipierten Raumschiff spielten, der „Lunar Reconn Ship RM-1“.

Die Walt Disney Studios arbeiteten sehr eng mit dem deutschen Ingenieur Wernher von Braun zusammen (dem Erfinder der V2-Rakete), der dem Team für wichtige technische Informationen zur Seite stand. Disney erreichte mit seinen Filmen ein großes Publikum und konnte somit allen zeigen, dass Mondlandungen keine Science-Fiction mehr waren … Wernher von Braun war für fast alle US-Raumfahrtprogramme zuständig, einschließlich der Mondlandung 1969.

Der amerikanische Film „Apollo 13“ von 1995 mit Tom Hanks basiert auf den tatsächlichen Ereignissen während der siebten bemannten Mission des Apollo-Programms. Ursprünglich sollte Apollo 13 das dritte Raumschiff sein, das auf dem Mond landet, aber der Flug in den 1970ern wurde nach einer Explosion an Bord abgebrochen. Dabei sollen die Astronauten den berühmten Satz gesagt haben:

„Houston, wir haben ein Problem.“

Der Mond ist aufgegangen,
die goldnen Sternlein prangen
am Himmel hell und klar.
Der Wald steht schwarz und schweiget,
und aus den Wiesen steiget,
der weiße Nebel wunderbar.

Auszug aus einem
deutschen Wiegenlied von
Matthias Claudius

Bekannte Mond-Melodien

Das Lied „Fly Me to the Moon" (Flieg mich zum Mond) wurde 1954 von dem Amerikaner Bart Howard geschrieben und komponiert. Es wurde von vielen bekannten Sängern wie Nat King Cole, Ella Fitzgerald oder Tony Bennett gesungen. Aber erst die Interpretation von Frank Sinatra 1964 machte das Lied wirklich weltberühmt. Sein Lied lief während der Apollo-10-Mission und wurde als erste Musik auf dem Mond gespielt, als der Astronaut Buzz Aldrian dort seinen tragbaren Kassettenrecorder einschaltete.

Der britische Rockmusiker David Bowie schrieb und sang das Lied „Space Oddity", Bowie selbst schlüpfte gerne in die Rolle von Ziggy Stardust, einem Alien aus dem Weltall! Der Song erschien am 11. Juli 1969, nur wenige Tage vor der ersten Mondlandung, und war geprägt von dem Film „2001: A Space Odyssey", den der amerikanische Regisseur, Drehbauchautor und Produzent Stanley Kubrick 1968 auf die Leinwand brachte.

David Bowies Lied erzählt die Geschichte von Major Tom, einem erfundenen Astronauten, der die Kommunikation mit der Erde, hier „Ground Control", abschaltet und dann für immer im Weltraum treibt. Der englische Fernsehsender BBC verwendete den Song bei seiner Berichterstattung über die Mondlandung – aber man befürchtete, dass das Lied unpassend sein könnte, falls bei der Mission etwas schiefging.

Daraufhin verwendete die BBC dann die Ouvertüre aus dem klassischen Stück „Also sprach Zarathustra" für die Berichte über die Mondlandung. Der deutsche Komponist Richard Strauss hat es 1896 geschrieben und es wurde seit dem Film „2001: A Space Odyssey" mit dem Weltall assoziiert.

Perfekte Gemälde

Seit Jahrhunderten haben viele Künstler auf der ganzen Welt versucht, den Mond zu erfassen – und nicht nur mit Worten.

Es gibt in der Kunst des Mittelalters und der Renaissance viele symbolische Darstellungen des Mondes. Mondkunst aus dieser Zeit zeigt ihn gewöhnlich als Mondsichel, zu der nichts hinzugefügt wurde. Nur der Italiener Leonardo da Vinci erstellte um 1500 herum einige grobe Skizzen, und der englische Physiker William Gilbert zeichnete mit bloßem Auge eine detaillierte Darstellung vom Mond in den 1590er-Jahren.

Auch der italienische Astronom Galileo Galilei war ein hervorragender Zeichner und verwendete bereits Licht und Schatten. Durch sein Kunststudium hat er wahrscheinlich den Erdschein verstanden (wenn das von der Erde reflektierte Sonnenlicht einen dunkleren Bereich des zunehmenden Mondes erhellt). Seine Vorstellung von einem „perfekten" Mond mit Bergen und Tälern war völlig unbekannt zu dieser Zeit und wurde nicht von vielen akzeptiert ...

In der Tat stand der Mond fast immer für Reinheit. Die Jungfrau Maria wird in Gemälden oft auf einem völlig glatten Mond gezeigt, wie zum Beispiel in der „Unbefleckten Empfängnis", die der italienische Maler Bartolomé Esteban Murillo um 1660 gemalt hat.

Dagegen wurde der italienische Maler Lodovico Cardi, auch bekannt als Cigoli, von den Erkenntnissen Galileos inspiriert. Seine letzte Arbeit malte er auf die Innenkuppel der Capella Paolina im Vatikan in Rom: dort sieht man Maria auf einem Mond mit Kratern stehen.

Chinesische und japanische Kunst

In der traditionellen chinesischen Kunst sehen wir den Mond normalerweise als kleines, weit entferntes Objekt. Mit der Position des Mondes soll der Betrachter ein Gefühl für seine Entfernung zum Bild und die Distanz zum Mond bekommen, damit er dessen Ruhe und Stille besser schätzen kann.

Japanische Bilder hingegen zeigen häufig einen großen Mond, der von Ästen oder Wolken teilweise verdeckt wird. Während der Heian-Zeit (794–1185) verbreiteten sich Mondgemälde über ganz Japan. Und auch Treffen zur gemeinsamen Betrachtung des Mondes waren damals sehr populär.

Architektur

Ob zweidimensional oder dreidimensional – der Mond stand und steht bei vielen skurrilen Gebäuden Pate …

Bei dem „Crescent Development Project", oder auch „The Crescent Bay", handelt es sich um einen riesigen Komplex mit Wolkenkratzern, der derzeit am Kaspischen Meer in Baku, der Hauptstadt Aserbaidschans, gebaut wird. Dieser Komplex besteht aus dem Crescent Hotel (das auf einer künstlichen Insel gebaut wurde), einem Büroturm (Crescent City), einem Wohnturm und einem Einkaufs- und Vergnügungszentrum (Crescent Place). Das Sieben-Sterne-Hotel mit seinen 33 Stockwerken soll wie eine Mondsichel aussehen, deren Spitzen in das Kaspische Meer tauchen. Die Sichelform des Gebäudes repräsentiert eines der wichtigsten Symbole Aserbaidschans, denn das Land trägt die Mondsichel in seiner Flagge.

Vor den Toren der südkoreanischen Stadt Seoul finden wir ein höchst ungewöhnliches Gebäude: „Two Moon" vom Architekten Moon Hoon. Es besteht aus zwei Gebäuden mit jeweils drei Stockwerken, wo es ein Café und eine Galerie gibt und wo man Räume mieten kann.

An den Hausecken sind jeweils sichelförmige Löcher angebracht worden, die von verschiedenen Winkeln aus wie der zu- oder abnehmende Mond aussehen, an anderer Stelle scheinen sich die beiden Sicheln dann zu einem Vollmond zu verbinden. Im gesamten Gebäude wurden die Fenster wie Vollmonde als runde Ausschnitte an Wänden und Decken angebracht.

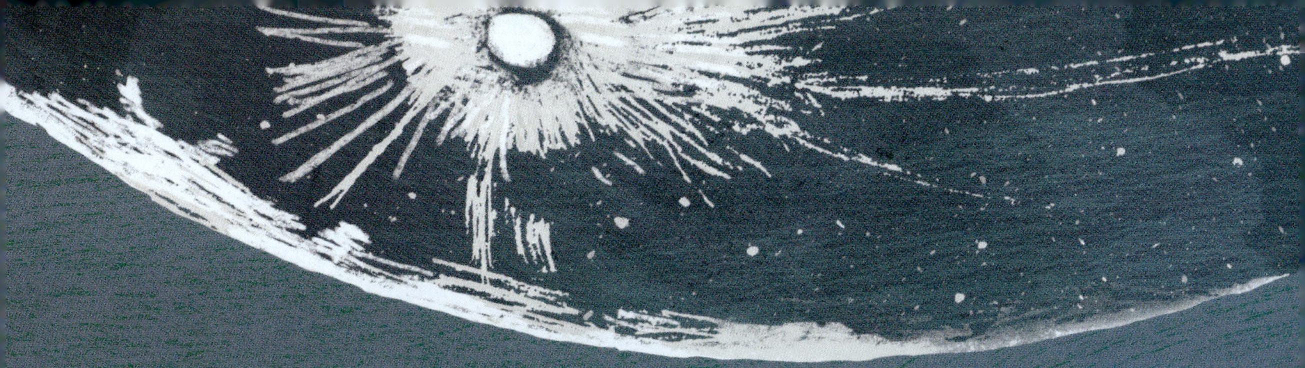

KAPITEL **SIEBEN**

Kleine Schritte und ein großer Sprung für die Menschheit

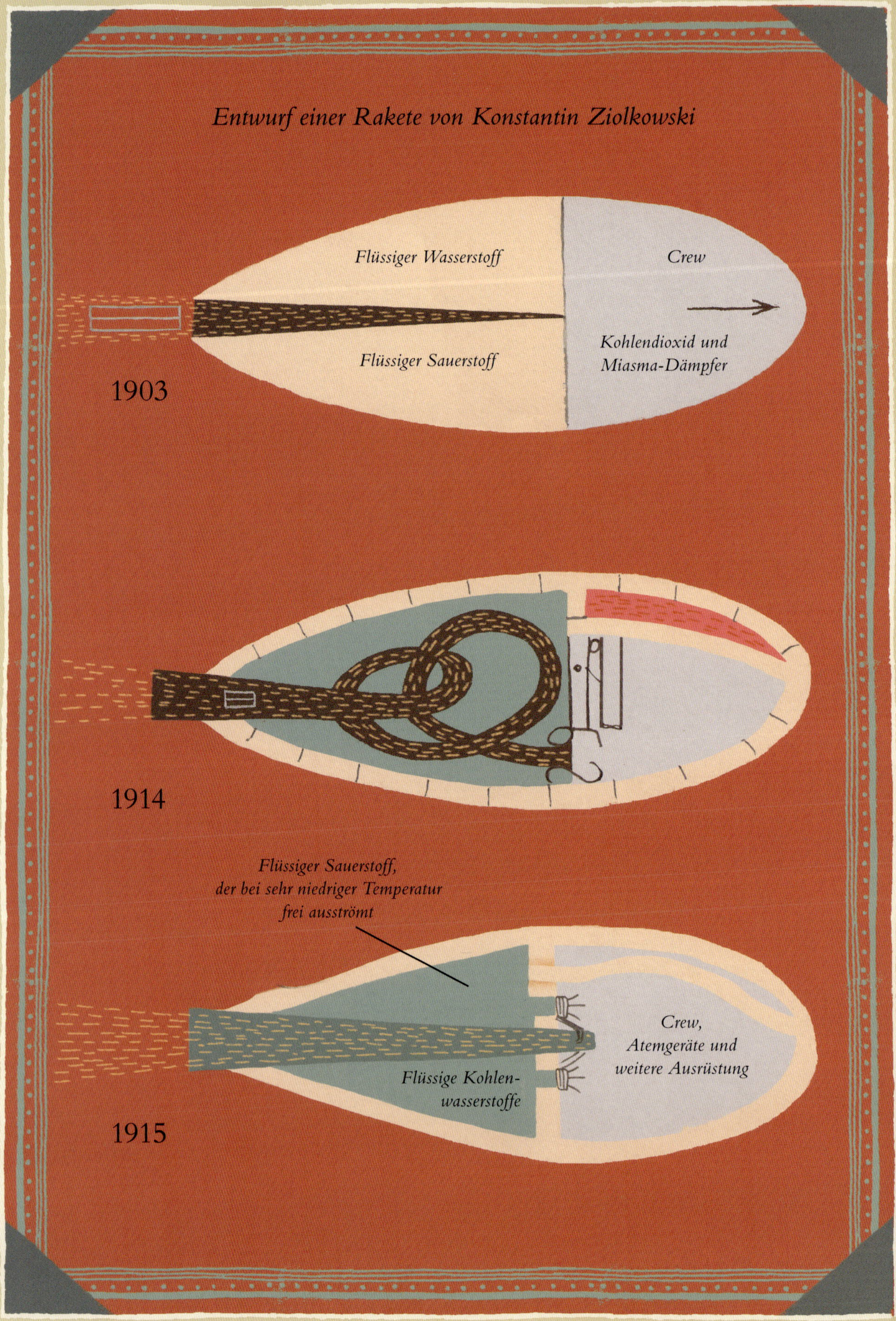
Entwurf einer Rakete von Konstantin Ziolkowski
Flüssiger Wasserstoff
Crew
Flüssiger Sauerstoff
Kohlendioxid und
Miasma-Dämpfer
1903
1914
Flüssiger Sauerstoff,
der bei sehr niedriger Temperatur
frei ausströmt
Crew,
Atemgeräte und
weitere Ausrüstung
Flüssige Kohlen-
wasserstoffe
1915

Die Raketen-Revolution

Es existierten bereits viele Erzählungen und Fantasien über Reisen zum Mond, aber dann wurde aus der Vorstellung Realität ...

In den 1890ern hatte der russische Erfinder Konstantin Ziolkowski als Erster die Idee, eine Rakete zum Mond zu schicken, im Jahr 1903 hat er dann die erste und älteste, uns bekannte Rakete mit Flüssigantrieb entworfen.

In seinem ersten Entwurf unterteilte Konstantin Ziolkowski die Rakete in drei Sektionen, was später als Basis für die modernen Raumfahrzeuge übernommen wurde. Pilot und Co-Pilot saßen in der ersten Sektion. Der zweite und dritte Abschnitt enthielten flüssigen Sauerstoff und flüssigen Wasserstoff, die für den Antrieb benötigt wurden.

Leider kam Konstantin Ziolkowski nie dazu, seine Rakete zu bauen. Dies gelang jedoch dem amerikanischen Ingenieur Robert H. Goddard. 1926 startete er die allererste Rakete mit Flüssigantrieb, sie blieb nur 2,5 Sekunden in der Luft und landete anschließend in einem Kohlfeld!

Zwischen 1926 und 1941 unternahmen Goddard und sein Team 34 Raketenstarts und erreichten dabei Höhen von 2,6 km sowie Geschwindigkeiten von 885 km/h.

Goddard träumte auch von einer Rakete, die bis zum Mond fliegen könnte, starb aber leider, bevor es dazu kam. Auch wenn er dies also nicht mehr miterleben konnte, hat er sicher den Weg für die Raumfahrt mit geebnet ...

Der Zweite Weltkrieg dauerte von 1939 bis 1945 und hat die Entwicklung von Raketen noch weiter vorangetrieben. Daraus entwickelten sich später die Erforschung des Weltalls und schließlich die Landung von Menschen auf dem Mond.

Die Deutschen waren während des Krieges die Ersten, die eine Waffe mit Raketenantrieb verwendeten: 1942 schossen sie ihre V2-Rakete ab – erfunden von Wernher von Braun. Nach dem Ende des Krieges hat sich Wernher von Braun der US-Armee ergeben, die wiederum seine Raketentechnologie übernahm und für die amerikanischen Raumfahrt-Programme verwendete. In Russland war Sergei Koroljow unterdessen der führende Konstrukteur für Raketen und Raumfahrzeuge ...

Wettlauf im

In den späten 1950er-Jahren wurden die Vereinigten Staaten von Amerika und die Sowjetunion zu großen Konkurrenten und es begann ein regelrechter Wettlauf im Weltall … Jede Seite wollte zuerst einen Menschen auf den Mond schicken. Dies alles geschah zur Zeit des Kalten Krieges, als die politischen Beziehungen zwischen den USA und der Sowjetunion sowieso schon kompliziert waren.

Zunächst sahen die Russen wie die Sieger aus, als sie am 4. Oktober 1957 Sputnik 1 starteten. Dieser Flugkörper aus Aluminium besaß einen Funksender und war der erste von Menschen gebaute Satellit, der die Erde umkreiste! Dadurch wurden die Amerikaner natürlich sehr nervös: Wenn die Russen Objekte in die Umlaufbahn der Erde schießen konnten, dann waren sie auch in der Lage, Bomben über den Ozean zu feuern!

Als die Vereinigten Staaten von Amerika am 6. Dezember 1957 ihren ersten Satelliten ins All schicken wollten, explodierte die Vanguard-TV3-Rakete auf der Startrampe. Dank Wernher von Braun gab es aber doch noch einen Erfolg: Am 31. Januar 1958 wurde seine modifizierte Jupiter-C-Rakete, Juno I, erfolgreich in die Umlaufbahn der Erde geschossen.

Weltall

Sputnik 1

KKurz nachdem die Russen ihren Sputnik 1 gestartet hatten, gründete die US-Regierung eine Behörde für die Erforschung des Weltalls, diese Behörde heißt National Aeronautics and Space Administration (NASA).

In den folgenden Jahren haben beide Länder ihre Astronauten bzw. Kosmonauten geschult und die Raumfahrttechnik weiterentwickelt. Am 25. Mai 1961 schließlich gab der amerikanische Präsident John F. Kennedy bekannt: Bis zum Jahr 1970 würden es die USA schaffen, Astronauten ins All und auf den Mond zu schicken. Kennedy hat das nicht mehr miterlebt, er starb im November 1963 bei einem Attentat.

„Zunächst glaube ich, dass es das oberste Ziel dieser Nation sein muss, einen Menschen auf den Mond und wieder heil zur Erde zurückzubringen, bevor das Jahrzehnt endet. Es wird kein vergleichbares Raumfahrtprojekt in dieser Zeit geben, welches eindrucksvoller ist oder wichtiger für die weitere Erforschung des Alls, und kein anderes Projekt wird so schwierig und so kostspielig bei der Umsetzung sein.“

Präsident John F. Kennedy (in seiner Rede vor dem US-Kongress am 25. Mai 1961)

Unbemannte Raumfahrt

Bevor die Vereinigten Staaten von Amerika oder die Sowjetunion Menschen auf den Mond schicken konnten, mussten sie zunächst unzählige unbemannte Missionen unternehmen. Ganz besonders wichtig war dabei, dass die Technik funktionierte. Außerdem mussten sie Karten vom Mond anlegen, damit man auch sicher dort landen konnte.

Die ersten unbemannten Raumfahrzeuge waren sogenannte „harte Lander" oder Absturzsonden. Sie sollten lediglich auf der Oberfläche aufschlagen. „Weiche Lander" hingegen waren so konzipiert, dass sie sanft auf der Oberfläche landeten und anschließend noch für Forschungen auf dem Mond verwendet werden konnten.

Das sowjetische Luna-Programm gab es von 1959 bis 1976. Dabei wurden offiziell 24 Raumfahrzeuge gestartet, 15 davon erfolgreich. Im Januar 1959 erfolgte der Start von Luna 1. Sie sollte als Absturzsonde dienen, hat jedoch den Mond um etwa 5.900 km verfehlt. Im September 1959 schließlich stürzte Luna 2 erfolgreich auf der Mondoberfläche ab, sie war das erste Raumfahrzeug, das je den Mond erreichte und gleichzeitig das erste von Menschen gebaute Objekt, das auf einem fremden Himmelskörper gelandet ist.

Luna 3 flog im Oktober 1959 bereits zur Rückseite des Mondes und sendete die ersten Fotos von seiner erdabgewandten Seite. Diese Sonde hat im Vorbeiflug 29 Bilder aus einer Entfernung von 65.000 km aufgenommen.

Gesendet hat sie jedoch nur 17 Aufnahmen, diese waren zwar unscharf, lösten jedoch große Begeisterung aus!
Die Bilder zeigten eine Oberfläche mit vielen Bergen, die von der Erde aus ganz anders aussah. Man vermutet, dass Luna 3 im März oder April 1960 in der Erdatmosphäre verglüht ist.

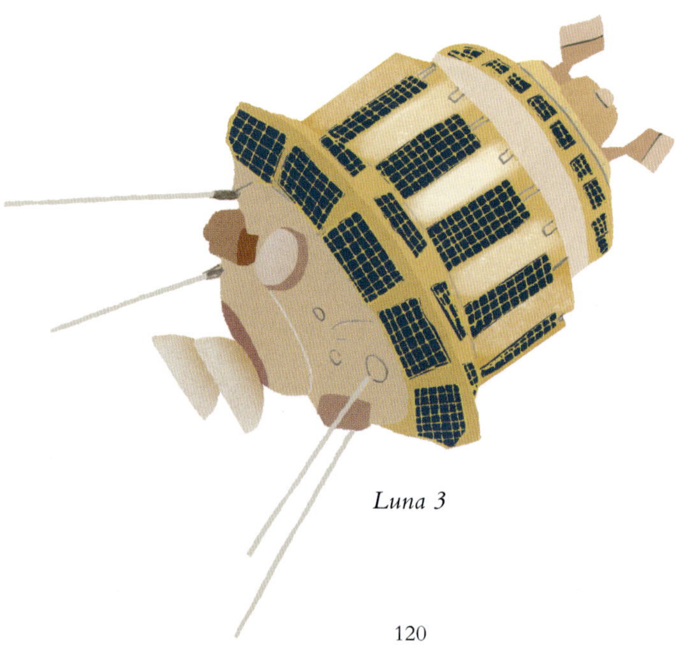

Luna 3

Die Vereinigten Staaten von Amerika führten in den 1960er-Jahren eine Reihe von unbemannten Missionen durch und nannten sie das Ranger-Programm. Amerika hatte sich zum Ziel gesetzt, die ersten Nahaufnahmen vom Mond zu machen. Die ersten sechs Flüge waren allesamt Misserfolge. Im Juli 1964 endlich sendete Ranger 7 insgesamt 4.300 Bilder während der letzten siebzehn Minuten seines Fluges, bevor er auf dem Mond aufschlug. Ranger 8 und 9 folgten 1965 mit noch viel mehr Bildern, von denen einige live im Fern-

Luna 9

Im Februar 1966 gelang der sowjetischen Luna 9 als erstem Raumschiff eine weiche Landung auf dem Mond. Sie übermittelte neun Bilder, darunter fünf Schwarz-Weiß-Panoramaaufnahmen, dies waren die ersten Fotos von der Mondoberfläche überhaupt.

Die Sowjetunion startete im März/April 1966 ihre Luna 10, die als erstes Raumfahrzeug in einer Umlaufbahn den Mond umkreiste und als erstes von Menschen gebautes Objekt einen fremden Himmelskörper umrundete. Eine Kapsel löste sich vom Raumschiff und konnte in jeweils drei Stunden den Mond umkreisen. Das Raumschiff hat Signale von 460 Mondumrundungen gesendet, bis schließlich die Batterien leer waren. Dabei wurden wichtige Daten über Strahlenwerte und Felsformationen gesammelt.

1966 und 1967 schickten auch die Vereinigten Staaten von Amerika fünf unbemannte Raumschiffe in die Umlaufbahn um den Mond, sie waren Teil des Lunar-Orbiter-Programms. Man suchte damit nach geeigneten Landeplätzen für bemannte Missionen. All fünf Missionen waren erfolgreich und man konnte 99 % des Mondes anhand der Fotos kartographieren.

Die Vereinigten Staaten schickten darüber hinaus „weiche Lander" zur Mondoberfläche. Das Surveyor-Programm existierte von 1966 bis 1968, sein Ziel war es, zu beweisen, dass die Landefähren nicht im Staub versinken. Fünf Lander konnten erfolgreich dort aufsetzen, aber zwei scheiterten. Surveyor 2 schlug mit sehr hoher Geschwindigkeit auf der Oberfläche auf, und man vermutet, dass Surveyor 4 nur kurz vor der Landung explodiert ist. Alle sieben Raumfahrzeuge befinden sich noch heute auf dem Mond.

Raketenentwicklungen

Es brauchte eine starke und zuverlässige Rakete, um Menschen auf den Mond und anschließend wieder sicher zur Erde zurückzubringen. Im Oktober 1965 beschloss die sowjetische Raumfahrtbehörde OKB-1, eine solche zu bauen …

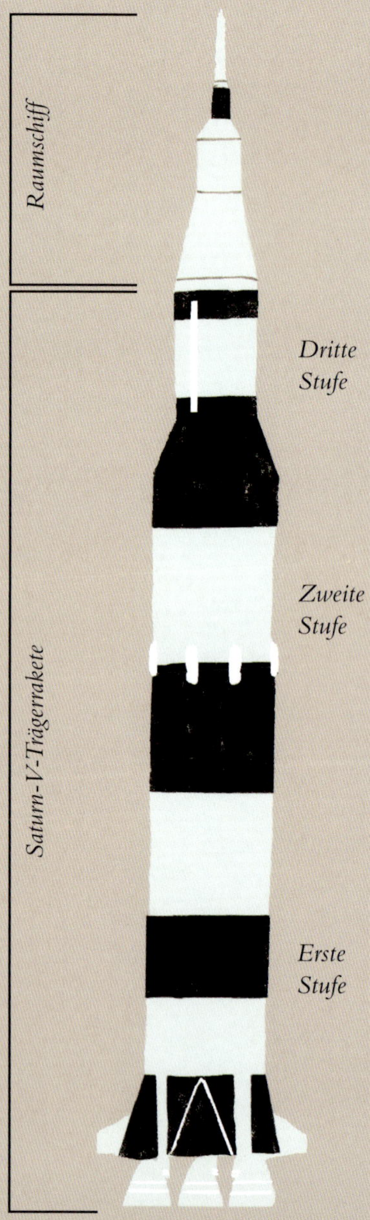

Die N1-L3-Rakete wurde als Gegenstück zur amerikanischen Apollo-Saturn-V-Rakete entworfen und sollte ein bemanntes Raumfahrzeug auf die Oberfläche des Mondes bringen. Die Russen planten, das L3-Raumschiff mit einer fünfstufigen Trägerrakete (der N1) zu starten. Durch den Tod des Chef-Konstrukteurs Sergei Koroljow war das komplizierte Vorhaben 1966 zum Scheitern verurteilt. Es war völlig unterfinanziert und übereilt. Sämtliche vier Startversuche mit der N1 misslangen: Der zweite Fehlversuch war tatsächlich so schwerwiegend, dass die Startrampe durch eine der größten von Menschen verursachten, nichtnuklearen Explosionen zerstört wurde.

1974 wurde das N1-Programm ausgesetzt und 1976 dann komplett gestrichen. Damit war die sowjetische Mondmission beendet. Das Projekt war damals so geheim, dass erst 1989 Informationen darüber veröffentlicht wurden! Die Sowjetunion konzentrierte sich nun darauf, Roboter zum Mond zu schicken statt Menschen.

Die Vereinigten Staaten bauten an der Saturn V. Dabei handelte es sich um eine dreistufige Rakete mit Flüssigantrieb, die die NASA von 1967 bis 1973 für ihr Apollo-Programm verwendete und in der Astronauten zum Mond fliegen konnten. Die Rakete war etwa 110 m hoch und bestand überwiegend aus Treibstoff. Bis zum heutigen Tag ist sie die größte und stärkste Rakete, die jemals gestartet wurde.

Die erste und zweite Stufe bildete den unteren Teil der Rakete, jede hatte jeweils fünf Antriebe. Diese Teile sollten sollten abfallen, wenn der Treibstoff verbraucht war. Die dritte Stufe hatte nur ein Triebwerk und würde sich abtrennen, nachdem sie die Apollo Rakete aus der Erdumlaufbahn auf einen Kurs Richtung Mond gebracht hatte.

Bevor man nun aber tatsächlich auf dem Mond landen konnte, musste die NASA viele Apollo-Raumschiffe mit Saturn-V-Raketen vom Startbereich 39 des John. F. Kennedy Space Center in Florida, USA, starten lassen. Die NASA brauchte etliche Jahre, bis die Abstimmung der Triebwerke zur Rakete passte. Die ersten Versionen der Apollo startete man mit kleineren Saturn-Raketen (die nur die dritte Stufe der Rakete hatten).

Die erste komplette Saturn V mit einer unbemannten Apollo 4 wurde im November 1967 in die Erdumlaufbahn geschickt und war ein Erfolg! Alle drei Stufen trennten sich wie geplant und die Triebwerke funktionierten einwandfrei. Zum Ende des Fluges trat das unbemannte Raumschiff wieder in die Erdatmosphäre ein und zeigte, dass es die extreme Hitze bei der rasanten Rückkehr vom Mond durchaus überstehen konnte. Somit war alles für die Apollo-Missionen und damit verbundenen Landungen von Menschen auf dem Mond vorbereitet …

Jede Apollo-Kapsel saß auf einer Saturn-V-Rakete und bestand wiederum selbst aus drei Teilen: das Kommandomodul (CM), das Servicemodul (SM) und das Mondmodul (LM).

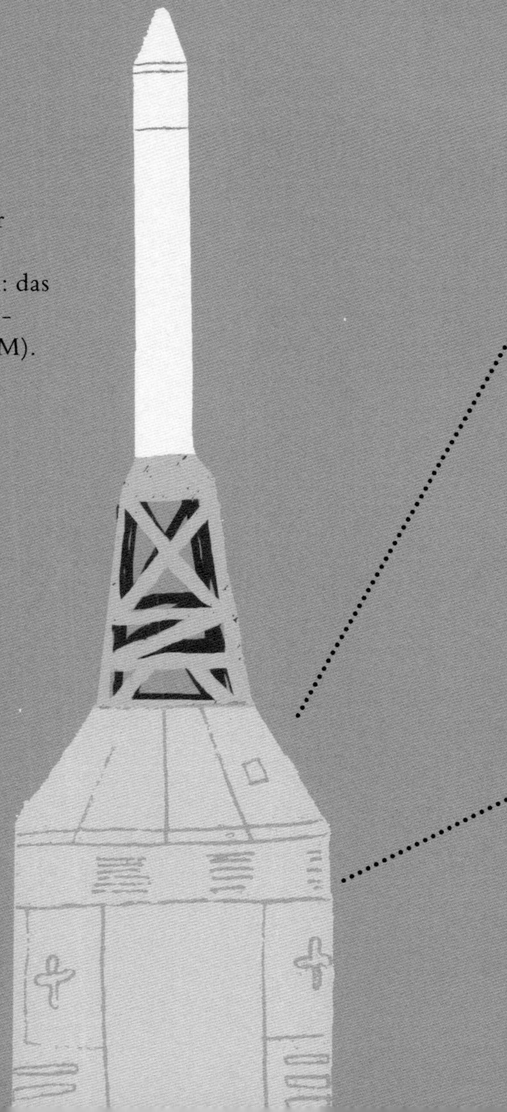

Ganz oben saß das CM wie ein Kegel (die oberste dünne Spitze war der Fluchtturm, der das CM wegsprengen würde, wenn es an der Startrampe einen Notfall gäbe). Im CM fanden drei Astronauten für den Flug von der Erde zum Mond und wieder zurück Platz. Das Modul ist etwas mehr als 3 m hoch und enthält die Steuerkonsole, eine Rettungsluke, die Sitze der Astronauten und ein Erdlandesystem (einschließlich Fallschirme).

Das SM befand sich direkt unter dem CM und war etwa 7,5 m hoch. Es besaß ein starkes Triebwerk und dort befanden sich Treibstoff und Ausrüstung für den langen Flug, es versorgte das CM mit Sauerstoff, Wasser und Strom. Eigentlich war die Verbindung von CM und SM (das CSM) die Kombination von zwei Raumfahrzeugen in einem: ein Steuerungsschiff angeschlossen an ein Flugschiff. Die beiden Module bleiben während des Großteils der Mission aneinandergekoppelt.

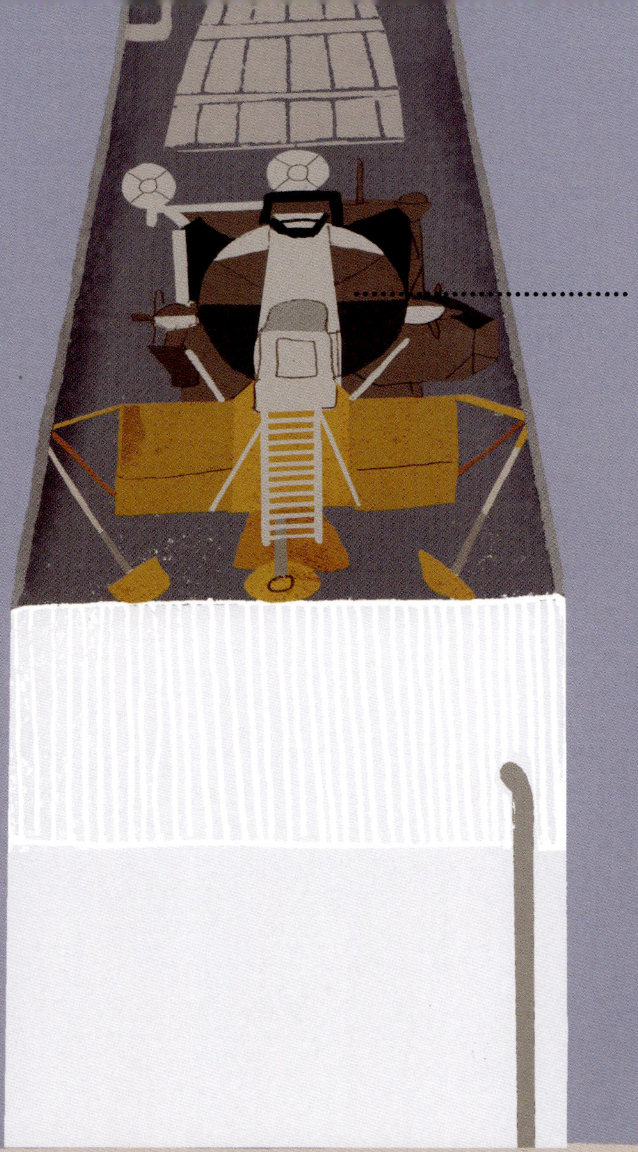

Das LM hatte eine Höhe von 7 m und enthielt ebenfalls zwei Raumschiffe: die Stufe für den Sinkflug bei der Landung auf dem Mond und darüber die Aufstiegsstufe für das Verlassen des Mondes. Das LM war außen am Kommandomodul angebracht und wurde für die eigentliche Mondlandung abgekoppelt. Zwei der Astronauten landeten mit dem LM auf dem Mond, während der dritte mit dem CSM im Orbit blieb (das CSM hatte genügend Treibstoff für die Rückkehr zur Erde). Beim Verlassen des Mondes löste sich das LM von der Sinkstufe und verwendete diese als Startrampe, mit der Aufstiegsstufe wurden die Astronauten wieder in die Umlaufbahn geschossen. Sobald die Astronauten dann erneut an die CSM angedockt hatten, wurde die LM abgestoßen und verschwand irgendwo im Weltall oder schlug auf dem Mond auf.

Während des Rückflugs zur Erde wurde das CM mit den Astronauten (die von einem Hitzeschild geschützt wurden) vom SM getrennt und trat in die Erdatmosphäre ein. Das CM landete dank seiner Fallschirme anschließend sicher im Meer.

Oft gaben die Astronauten den verschiedenen Teilen der Apollo-Kapseln Namen. Die Besatzung der Apollo 11 (dem ersten Raumschiff, das zum Mond flog) nannte das Kommando-/Servicemodul „Columbia" nach der Kolumbiade – der Riesenkanone aus dem Roman „Von der Erde zum Mond" von Jules Verne. Das LM hieß „Eagle" (Adler) nach dem amerikanischen Nationalvogel, dem Weißkopfseeadler.

Mutige Astronauten

Natürlich war die Technologie äußerst eindrucksvoll, mit der der Mensch den Mond erreichte, aber auch der Mut der Astronauten war von entscheidender Bedeutung für den Erfolg der Weltraumfahrt …

M. Scott Carpenter

Die „Mercury Seven", oder auch Astronautengruppe 1, waren die ersten amerikanischen Astronauten, die 1959 für das bemannte Weltraumprogramm ausgewählt wurden.

Dies waren: M. Scott Carpenter, L. Gordon Cooper, John Glenn, Virgil I. „Gus" Grissom, Walter Schirra, Alan Shepard und Donald „Deke" Slayton.

L. Gordon Cooper

Mit dem Programm wollte man einen Astronauten in einem Ein-Personen-Raumschiff in die Umlaufbahn der Erde bringen (John Glenn war der Erste, dem dies gelang), mit diesem Experiment sollte untersucht werden, ob Menschen Raumflüge überleben können – alle sieben Männer schrieben Geschichte und wurden dafür geehrt und verehrt.

Die Astronauten steuerten die bemannten Raumflüge des Mercury-Programms von Mai 1961 bis Mai 1963, gleichzeitig waren etliche von ihnen noch in andere bemannte NASA-Missionen des 20. Jahrhunderts eingebunden, darunter das Gemini-Programm, das Apollo-Projekt und das Space-Shuttle.

John Glenn

Virgil I. 'Gus' Grissom

Walter Schirra

Alan Shepard

Donald 'Deke' Slayton

Das Gemini-Programm war das zweite bemannte Raumfahrtprogramm der NASA und begann 1961, damit kam man den Apollo-Mondlandungen einen großen Schritt näher. In der Gemini-Kapsel saß eine zweiköpfige Besatzung. Mit diesem Projekt sollten Techniken für Weltraumreisen entwickelt werden, gleichzeitig wurden die Astronauten auf die eigentliche Mondlandung vorbereitet, insbesondere wie man das Raumschiff andockt und wie man Weltraumspaziergänge macht. Zwischen März 1965 und November 1966 gab es zehn bemannte Gemini-Flüge.

Mission nicht erfolgreich

Leider fand nicht jede Mission ein glückliches Ende …

Apollo 1 war die erste bemannte Mission des US-Apollo-Programms, mit der man auf dem Mond landen wollte. Die NASA hatte den Start von Apollo 1 am 21. Februar 1967 geplant, doch leider wollte es das Schicksal anders. Bei einem Feuer in der Kabine während eines Probestarts am 27. Januar starben alle drei Astronauten, darunter auch Virgil I. „Gus“ Grissom. Die Elektrik hatte das Feuer ausgelöst, das sich rasend schnell ausbreitete. Daraufhin wurden bemannte Apollo-Flüge für 18 Monate ausgesetzt, um die genauen Ursachen zu untersuchen.

Apollo 13 war die siebte bemannte Apollo-Mission und sollte als drittes Raumschiff auf dem Mond landen. Sie startete am 11. April 1970, aber die Mondlandung wurde nicht vorgenommen, weil zwei Tage später ein Sauerstofftank explodierte. Das SM, von dem das CM abhing, war nun völlig unbrauchbar, und es gab nur begrenzt Strom und Sauerstoff. Darüber hinaus verlor die Kabine an Wärme und das Wasser wurde knapp. Trotz allem schaffte es die Crew, sechs Tage später wieder sicher auf der Erde zu landen. Apollo 13 flog sogar um die erdabgewandte Seite des Mondes und stellte damit einen Rekord auf: die größte Entfernung von der Erde, die ein Mensch je erreicht hatte – 254 km über der Mondoberfläche und 400.171 km von unserem Planeten entfernt.

Probleme und Tode

Die sowjetische Sojus 11 war die einzige bemannte Mission zur ersten Weltraumstation, Saljut 1. Eine Raumstation ist ein großer, künstlicher Satellit, der die Erde umkreist, und in dem Astronauten für längere Zeit leben können, um zu forschen und Experimente auszuführen.

Am 7. Juni 1971 erreichte die Sojus 11 die Raumstation – ein kleiner Sieg für die UdSSR, nachdem die Amerikaner bereits auf dem Mond gelandet waren. Während ihres Rückflugs am 30. Juni litten die drei Kosmonauten leider unter massiver Dekompression (Gas gelangte in ihr Blut). Die Ursache hierfür könnte eines der beiden Ventile am Abstiegsmodul gewesen sein, das sich zu früh öffnete, oder die Luke hatte ein Leck. So sind die drei Besatzungsmitglieder im Weltall gestorben.

Bemannte Erdumrundung

Während der Zeit der amerikanischen und sowjetischen Weltraumprogramme passierten viele erstaunliche wissenschaftliche Dinge, doch der Erste auf dem Mond zu sein, das war sicherlich das Größte überhaupt!

Am 12. April 1961 sorgte der sowjetische Kosmonaut Juri Gagarin für einen der größten Momente in der Geschichte der bemannten Raumfahrt, denn er flog als erster Mensch mit seinem Raumschiff Wostok 1 im All. Die Wostok 1 umrundete einmal die Erde und erreichte dabei eine maximale Höhe von 327 km.

Vor dem historischen Flug von Juri Gagarin hatte die Sowjetunion bereits mehrere Testflüge mit einem menschlichen Dummy „Ivan Ivanovic" und lebenden Hunden unternommen. Und obwohl es diese frühen Tests gegeben hatte, waren die Ingenieure nicht in der Lage, ein Bremssystem zu entwickeln, dass das Raumschiff so stark abbremsen konnte, dass ein Mensch den Aufprall bei der Landung überlebte. Daher musste Juri Gagarin sich mit dem Schleudersitz herauskatapultieren, bevor er dann mit einem Fallschirm auf der Erde landete.

Alan Shepard war der erste Amerikaner im Weltall: Am 5. Mai 1961 unternahm er seinen Flug mit der „Freedom 7“ als Teil des Mercury-Programms. Sein Raumschiff flog in keinen Orbit, aber Alan Shepard war der erste Mensch, der manuell die Richtung seines Raumschiffs steuern konnte.

John Glenn, ein weiteres Mitglied der ursprünglichen „Mercury Seven“ war dann im Februar 1962 der erste Amerikaner, der in einer Umlaufbahn um die Erde flog und diese dabei drei Mal umrundete.

Die erste Frau im All

Die sowjetische Kosmonautin Valentina Tereschkowa war die erste Frau im Weltall, als sie am 16. Juni 1963 mit der Wostok 6 startete. Sie wurde aus mehr als 400 Bewerbern ausgewählt! Valentina Tereschkowa umrundete die Erde 48 Mal und verbrachte fast drei Tage im All. Vor ihrer Karriere als Kosmonautin arbeitete sie in einer Textilfabrik und war Hobby-Fallschirmspringerin. Im Jahr 2013 hat sie sich sogar als Freiwillige für einen Flug zum Mars angeboten, falls sich die Gelegenheit jemals bieten sollte …

Am 18. März 1965 gelang es dem sowjetischen Kosmonauten Alexei Leonow als erstem Menschen, sein Raumschiff zu verlassen und im Weltall zu schweben. Sein „Spaziergang" dauerte zwölf Minuten und neun Sekunden, in denen er sich, nur mit einer weißen Leine gesichert, außerhalb seiner Woschod 2 befand. Dieses Unternehmen war extrem riskant und Leonow erlitt dabei fast einen Hitzschlag.

Am 21. Dezember 1968 gelang es den Astronauten der amerikanischen Apollo-8-Mission, zum ersten Mal um den Mond zu fliegen – sie konnten tatsächlich die dunkle Seite sehen! Die Astronauten übermittelten Bilder von der Erde aus dem Weltall und waren die Ersten, die sehen konnten, wie die Erde hinter dem Mond „aufgeht".

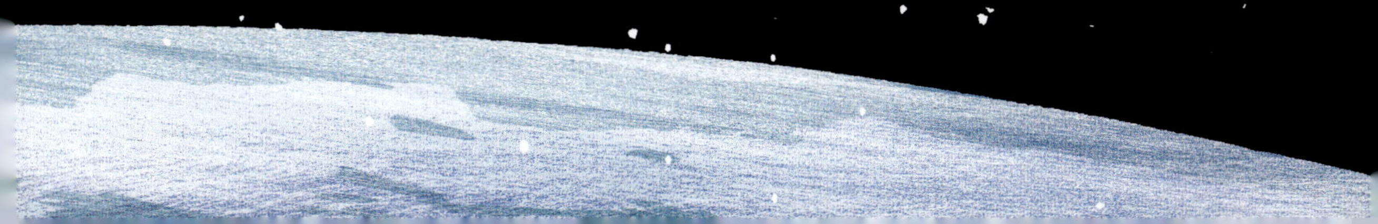

Tiere im Weltall

In den Anfangszeiten der Raumfahrt war es für die Wissenschaftler sehr wichtig, die biologischen Auswirkungen der fremden Umgebung auf den menschlichen Körper zu studieren. Viele Tests an Tieren sollten zeigen, wie der menschliche Körper auf den Raumflug und die Rückkehr zur Erde reagiert.

Die wissenschaftlichen Untersuchungen an den Tieren beinhalteten auch Gehirn- und Herzfunktionen sowie das Verhalten der Tiere, wenn sie Strahlung oder Schwerelosigkeit ausgesetzt waren – so wie die Astronauten, denn sie fliegen mit der gleichen Geschwindigkeit durch das All wie ihre Umgebung.

Albert II war der erste Affe im Weltall. Er wurde am 14. Juni 1949 in einer V2-Rakete von den Amerikanern losgeschickt. Sein Flug erreichte eine Höhe von etwa 134 km, aber er verstarb leider auf dem Rückflug, weil der Fallschirm versagte. Es war der zweite Versuche der USA, einen Affen ins All zu schicken. Der erste Affe hieß Albert I und erreichte bei seinem Flug am 11. Juni 1948 nur 63 km, er erstickte während des Fluges.

Das erste Lebewesen, das die Erde umrundete, war ein Hund namens Laika. Dieser sowjetische Kosmonaut wurde am 3. November 1957 mit der Sputnik 2 auf eine Reise ohne Rückkehr geschickt. Zu dieser Zeit gab es noch keine Technologie, um ein Raumschiff wieder zur Erde zurückzubringen oder mittels Triebwerksschüben umzukehren, daher nahm man an, dass Laika wohl nach fünf bis sieben Stunden gestorben ist.

Die Wahrheit über Laikas Tod wurde erst 2002 enthüllt. In früheren Berichten hatte man immer gesagt, dass sie an Sauerstoffmangel gestorben sei oder dass sie eingeschläfert wurde. Laikas Raumschiff hat die Erde 2.570 Mal umrundet und verglühte im April 1958 in der Erdatmosphäre. Laika überlebte wohl nur wenige Stunden, dennoch hat die Mission gezeigt, dass ein lebender Passagier den Flug in die Umlaufbahn mit geringerer Schwerkraft überstehen könnte, und damit wurde der Grundstein für die bemannte Raumfahrt gelegt.

Der Schimpanse Ham war das erste Tier, das mit einem Raumschiff interagierte, als er am 31. Januar 1961 in einer Kapsel des Mercury-Programms startete. Man benannte Ham nach dem Holloman Aerospace Medical Center in Neu-Mexiko, dem Labor, das ihn für seine Mission ausgebildet hatte. Man hatte ihm beigebracht, verschiedene Hebel zu betätigen, wofür er Bananenchips als Belohnung erhielt. Zwar kam es während der Mission zu einem Druckverlust in der Kapsel, aber Ham wurde durch seinen Raumanzug geschützt. Der Flug dauerte 16 Minuten und die Kapsel landete anschließend im Atlantik. Ham wurde von einem Rettungskreuzer aufgelesen und lebte noch weitere 17 Jahre.

Am 18. Oktober 1963 schickten französische Wissenschaftler die erste Katze ins Weltall. Félicette, eine schwarzweiße Katze aus Paris, flog mit einer Veronique-AGI-47-Rakete. Der Flug unterhalb der Erdumlaufbahn dauerte 15 Minuten und erreichte eine Höhe von 156 km. Félicette überlebte den Flug unbeschadet, weil die Kapsel mit einem Fallschirm zur Erde zurückkehrte.

Die NASA schickte am 9. November 1970 zwei Ochsenfrösche in die Erdumlaufbahn, um Schwerelosigkeit und ihre Auswirkungen auf das Gleichgewicht zu testen. Für diese beiden Frösche war extra ein Mini-Raumschiff gebaut worden: es hatte eine Größe von 76 mal 119 cm. Man wählte ganz bewusst Ochsenfrösche aus, weil ihre Gehörknochen denen des Menschen sehr ähnlich sind. Leider war auch diese Mission eine Reise ohne Wiederkehr. Das Experiment jedoch war dennoch ein Erfolg.

Es gab sogar schon Spinnen im Weltall! Am 28. Juli 1973 wurden zwei Gartenspinnen als Teil der NASA-Skylab-3-Mission mit in die Umlaufbahn geschossen. Da Spinnen ihr eigenes Gewicht beim Bau ihrer Netze verwenden, um die Stärke festzulegen, spielt Schwerkraft eine ganz besondere Rolle beim Bau der Netze. Sie brauchten zwar ein paar Tage, aber dann webten die Spinnen wieder ihre Netze, als wären sie auf der Erde. Die Netze waren zwar dünner, aber die Struktur war die gleiche.

Bion 7, oder auch Kosmos 1667, war ein biomedizinischer Forschungssatellit. Am 10. Juli 1985 starteten zehn Molche an Bord der Bion 7 zu einem siebentägigen Flug. Ihnen wurden einige Extremitäten amputiert, und man wollte feststellen, ob diese wie auf der Erde nachwachsen. Es stellte sich heraus, dass die Körperteile im Weltall viel schneller nachwuchsen als auf der Erde.

Die berühmtesten „Ersten“

Die Apollo-8-Mission schrieb im Dezember 1968 Geschichte, als Astronauten mit ihr um den Mond flogen. Etwa einen Monat später traf sich Donald „Deke“ Slayton (einer der ursprünglichen „Mercury Seven“) mit den Astronauten Neil Armstrong, Edwin „Buzz“ Aldrin und Michael Collins. Donald „Deke“ Slayton war der Direktor für Flugbetrieb und Besatzung und spielte eine besondere Rolle im Apollo-Programm und bei der Auswahl der Crews. Wenn bei den Testflügen mit Apollo 9 und 10 alles gut ging, dann würden diese Astronauten mit der Apollo 11 zum Mond fliegen.

Zur Vorbereitung auf die Mission mussten die Astronauten sehr lange trainieren. Am 16. Juli 1969 schließlich stiegen sie in die Saturn-V-Rakete am John F. Kennedy Space Center. Sobald die Apollo 11 abgehoben hatte, dauerte es einige Tage, bis die Crew den Mond erreichte – also warteten die Astronauten geduldig in ihrem Kommandomodul.

Als die Astronauten sich dem Mond näherten, beschrieb Neil Armstrong die Aussicht für das Mission Control Center der NASA:

„Der Blick auf den Mond, den wir zurzeit haben, ist einfach spektakulär … dieser Anblick ist jede Mühe wert.“

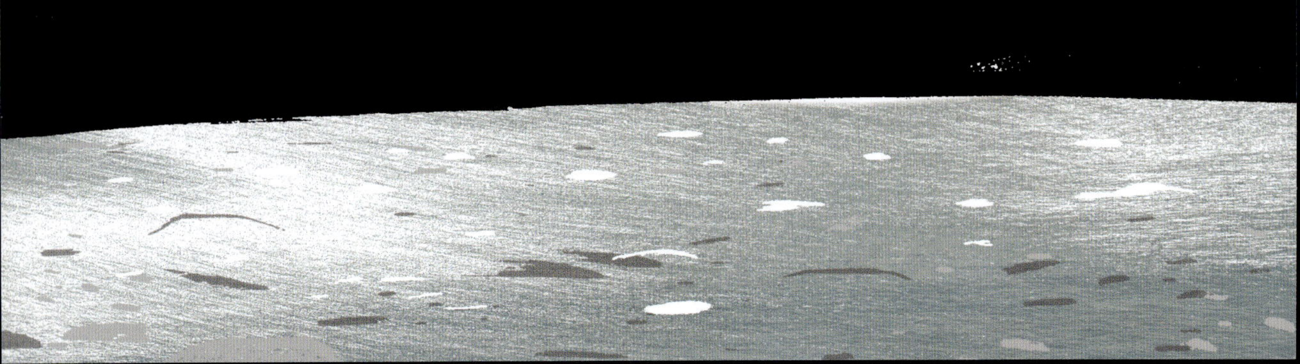

Am 19. Juli 1969 flog die Apollo 11 auf die dunkle Seite des Mondes, wodurch die Crew kurzzeitig den Kontakt zum Mission Control Center verlor. Während dieser Flugphase bremsten die Astronauten ihr Kommando- und Servicemodul mit dem Triebwerk ab, sodass die Anziehungskraft des Mondes sie einfangen konnte und sie in eine Umlaufbahn um den Mond eintreten würden. Im Mission Control Center wartete man unterdessen sehr gespannt auf Neuigkeiten …

Am Morgen des 20. Juli 1969 verließen Neil Armstrong und Buzz Aldrin das Kommando- und Servicemodul (Columbia) und nahmen im Mondmodul (Eagle) Platz, damit sich die Module voneinander trennen konnten. Michael Collins blieb währenddessen in der Columbia und umkreiste den Mond – um sie später wieder zur Erde zurückzubringen. Die ganze Zeit über erhielten die Astronauten ihre Anweisungen von Mission Control, obwohl die Funkverbindung zur Mondkapsel oft verzerrt war … und obwohl es ständig ein Alarmsignal in der Kabine gab, dass der Computer die vielen Daten, die er empfing, nicht verarbeiten konnte. Trotzdem konnte die Mission Control den Befehl zur Landung geben.

Ursprünglich wollten die Astronauten auf dem „Meer der Ruhe“ (eines der *maria*-Lavafelder) landen, waren aber über die Landezone hinausgeflogen. Dann erblickten sie ein riesiges Kraterfeld und Felsbrocken, die sie unbedingt vermeiden wollten. Neil Armstrong benutzte die manuelle Steuerung der Mondkapsel und suchte nach einem geeigneten Landeplatz, als der Treibstoff knapp wurde … als er schließlich den „Eagle“ auf dem Mond landete, hatte er noch für ungefähr 20 Sekunden Treibstoff! Die Crew war also erfolgreich auf dem Mond gelandet – sehr zur Erleichterung aller Beteiligten.

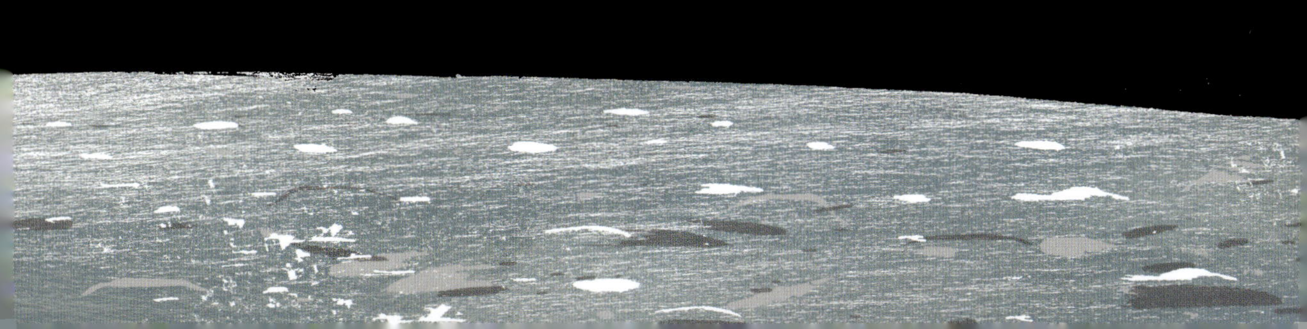

Der Adler ist gelandet

In den frühen Morgenstunden des 21. Juli 1969 öffnete Neil Armstrong die Luke des „Eagle", was mindestens 600 Millionen Menschen auf der Erde live im Fernsehen mitverfolgten. Er stieg die Leiter hinab und enthüllte ein Schild mit der Aufschrift:

HIER SETZTEN MENSCHEN
VON DER ERDE ZUM ERSTEN MAL
DEN FUSS AUF DEN MOND
JULI IM JAHRE DES HERRN 1969
WIR KAMEN IN FRIEDEN
FÜR DIE GESAMTE MENSCHHEIT

Neil Armstrong beschrieb die Oberfläche des Mondes als fein und pudrig. Sechseinhalb Stunden nach der Landung wagte er die ersten Schritte auf dem Mond und sprach die berühmten Worte:

„Das ist ein kleiner Schritt für einen Menschen, aber ein gewaltiger Sprung für die Menschheit."

Spaziergang auf dem Mond

Bald fand Neil Armstrong heraus, dass er leicht auf dem Mond laufen konnte, wenn auch langsam, denn der Mond besitzt nur ein Sechstel der Erdanziehungskraft. Schnell sammelte er eine Bodenprobe ein, falls er aus irgendeinem Grund vorzeitig zur Mondkapsel zurückkehren musste. Fast zwanzig Minuten nach Armstrong stieg auch Buzz Aldrin aus der Luke. Die Astronauten stellten eine speziell angefertigte US-Flagge auf der Mondoberfläche auf und sprachen dann mit Präsident Richard M. Nixon, der sie von der Erde anfunkte:

„In diesem unbezahlbaren Augenblick in der Geschichte der Menschheit sind alle Menschen auf dieser Erde vereint: vereint im Stolz auf das, was Sie geleistet haben, und vereint in unseren Gebeten, dass Sie wieder heil zur Erde zurückkehren."

Die Astronauten sammelten insgesamt 21,55 kg an Boden- und Gesteinsproben, die sie zurück zur Erde brachten. Man entdeckte darin drei neue Mineralien – eines davon nannte man „Armalcolit" nach Armstrong, Aldrin und Collins.

Die Männer machten Experimente und Fotos. Nachdem sie über zwei Stunden auf dem Mond gelaufen waren, bereiteten sich die Astronauten zum Abheben vor, wollten vorher aber noch ein wenig ausruhen. Etwa sieben Stunden später wurden sie von Mission Control geweckt und bereiteten den Rückflug vor. Weitere zweieinhalb Stunden später hob der „Eagle" vom Mond ab, um kurz darauf wieder an die „Columbia" anzudocken, dort wartete Michael Collins, um sie alle sicher nach Hause zu bringen.

Am 23. Juli 1969 (in der letzten Nacht vor dem Wiedereintritt) sprachen die Astronauten zu den Menschen in der Heimat an den Fernsehgeräten und dankten allen, die an der Mission beteiligt waren – und das waren ungefähr 400.000 Menschen!

Nach etwas mehr als einer Woche nach ihrem Start, am 24. Juli 1969, kehrten die Astronauten an Bord der „Columbia“ zurück. Erneut war die Spannung extrem hoch, als alle den Wiedereintritt in die Erdatmosphäre beobachteten. Apollo 11 schlug im Pazifik auf, wo die Astronauten vom Rettungsschiff „USS Hornet“ geborgen wurden.

Die Männer mussten fast drei Wochen in Quarantäne bleiben, um sicherzustellen, dass sie keine Krankheiten vom Mond eingeschleppt hatten. Am 13. August 1969 nahmen sie an Paraden in New York, Chicago und Los Angeles teil. Sie waren jetzt amerikanische Nationalhelden und man feierte, dass sie den Wettlauf im Weltall gewonnen hatten!

Und was passierte danach?

Die Amerikaner hatten also das Wettrennen im Weltall zum Mond gewonnen. Und was geschah danach? Obwohl die Sowjetunion ins Hintertreffen geraten war, war man dort immer noch sehr interessiert, mehr über den Mond zu erfahren, und man entsandte Forschungsroboter statt Menschen …

Eine bedeutende Rolle im sowjetischen Luna-Programm spielte Luna 16. Im September 1970 schickte man diese Robotersonde auf den Mond, sie war die erste, die eine Probe mit Mondgestein zur Erde zurückbrachte. Die Probe stammte aus dem „Mare Fecunditatis", was so viel bedeutet wie „Meer der Fruchtbarkeit", das auf der erdzugewandten Seite des Mondes liegt. Die Probe war extrem wertvoll und 1993 wurden im Auktionshaus Sotheby's in New York drei winzige Teile davon mit 0,2 Gramm Gewicht für ungeheure 442.500 Dollar verkauft!

Schon bald folgten weitere unbemannte Robotersonden und brachten ebenfalls Proben vom Mond mit: Luna 20 im Februar 1972 und im August 1975 die Luna 24. Insgesamt erhielt man durch die drei Missionen eine Gesamtmenge von 300 g an Gesteins- und Bodenproben vom Mond.

Während die Sowjets weiter ihre Roboter ins All schickten, führten die Amerikaner ihre bemannten Apollo-Missionen fort … Nach Apollo 11 gab es noch fünf weitere Mondlandungen, die letzte davon war Apollo 17 im Dezember 1972. Jede der Missionen erforschte ein bestimmtes Gebiet auf der erdzugewandten Seite des Mondes.

Aus verschiedenen Gründen war Apollo 15 eine sehr wichtige Mission. Die Amerikaner bezeichneten sie als „J-Mission", was bedeutete, dass die Astronauten viel mehr Zeit auf dem Mond verbringen würden. Insgesamt waren sie drei Tage dort, was ihnen erlaubte, weit mehr Experimente als vorher durchzuführen.

Darüber hinaus war dies die erste Mission, in der das „Lunar Roving Vehicle", oder auch „Mond-Buggy", verwendet wurde. Hierbei handelt es sich um ein vierrädriges, batteriebetriebenes Fahrzeug, das zwei Astronauten und ihre Ausrüstung über den Mond transportieren konnte. LRVs wurden auch in den letzten drei Apollo-Missionen in den Jahren 1971 und 1972 eingesetzt. Die drei Lunar Roving Vehicles befinden sich bis zum heutigen Tag auf dem Mond.

Lunar Roving Vehicle, Apollo 15

Weitere Mond-Missionen

Auch die Sowjetunion schickte einige Mondfahrzeuge, allerdings mit unbemannten Raumschiffen, zum Mond, dies war das Lunochod-Programm. Die erste Lunochod startete im Februar 1969, explodierte aber leider wenige Sekunden nach dem Start und wurde zerstört. Lunochod 1 und Lunochod 2 erreichten schließlich 1970 und 1973 den Mond. Die Lunochod-Fahrzeuge wurden ferngesteuert, um die Oberfläche des Mondes zu erkunden und Bilder aufzunehmen.

Im Juli 1975 schließlich arbeiteten die Vereinigten Staaten und die Sowjetunion gemeinsam am „Apollo-Sojus-Test-Projekt" (ASTP). Dies war der erste gemeinsame amerikanisch-russische Raumflug und beendete gleichzeitig die schlechten politischen Beziehungen …

Am 15. Juli startete zunächst die sowjetische Sojus-Kapsel mit zwei Kosmonauten an Bord in die Erdumlaufbahn. Siebeneinhalb Stunden später starteten die Amerikaner ihr Apollo-Kommando- und Servicemodul mit drei Astronauten an Bord. Am 17. Juli dockten die beiden Raumfahrzeuge für zwei Tage aneinander an. Beide Seiten arbeiteten sowohl zusammen als auch getrennt an verschiedenen Experimenten, und die Mission brachte wertvolle Erkenntnisse für spätere Joint-Venture-Raumflüge. Außerdem war dies der einzige Start des US-Astronauten Donald „Deke" Slayton (ihm wurde aus gesundheitlichen Gründen bis 1972 keine Starterlaubnis erteilt).

Bis zum Flug des Space-Shuttles im April 1981 war ASTP die letzte bemannte amerikanische Weltraummission. Das Space-Shuttle Programm, oder „Space Transportation System", gab es von 1981 bis 2001 – als amerikanische Antwort auf die Rufe nach günstigeren Raumflügen. Die Space-Shuttles flogen dabei nie zum Mond, aber man konnte dieselben Raumfahrzeuge mehrmals für Einsätze in der Erdumlaufbahn verwenden.

Nach der sowjetischen Luna 24 vergingen viele Jahre, bis ein Raumschiff tatsächlich wieder zum Mond flog …

Schließlich kamen auch die Japaner hinzu. Das japanische Institute of Space and Astronautical Science baute die Raumsonde Hiten, die am 24. Januar 1990 startete. Es handelte sich hier um Japans erste Mondsonde und ebenso um die erste Sonde, die nicht von den Sowjets oder Amerikanern ins All geschickt wurde. Die Sonde erreichte den Mond und gelangte nach einigen technischen Problemen in dessen Orbit, von dort ließ man sie am 10. April 1993 kontrolliert auf die Oberfläche abstürzen.

Nach dem Apollo-Programm war Clementine die erste weitere US-Mission zum Mond und startete am 25. Januar 1994. Clementine war ein Gemeinschaftsprojekt zwischen der „Ballistic Missile Defense Organization (BMDO)" und der NASA. Ein Teil des Projekts war eine zweimonatige Kartierung des Mondes, wofür über 1,8 Millionen Digitalbilder gemacht wurden. Bei der Analyse von Clementines Daten stellten Wissenschaftler fest, dass es an den Polarkratern des Mondes möglicherweise Anzeichen von Eis gibt. Dies wurde von der NASA mit ihrer Prospector-Mission zum Mond bestätigt (Januar 1998 bis Juli 1999).

KAPITEL **ACHT**

Zurück zur Erde

Die Kartierung des Mondes im Laufe der Geschichte

Anfang des 17. Jahrhunderts begannen Astronomen, mittels ihrer Teleskope detaillierte Karten vom Mond mit all seinen Besonderheiten zu erstellen – sie vergaben damals sogar schon Namen für bestimmte Bereiche seiner Oberfläche.

Im Jahr 1609 war der italienische Astronom Galileo Galilei einer der ersten, der ein Teleskop auf den Mond richtete und anschließend davon eine detaillierte Zeichnung erstellte. Wenige Monate zuvor hatte bereits der englische Sternforscher Thomas Harriot den Mond mit einem Teleskop studiert, seine Forschungen aber leider nicht veröffentlicht. Galileo Galilei baute 1609 sein eigenes Teleskop und verbesserte es immer weiter, vor allem die Vergrößerung. 1610 schließlich gelang es ihm, Berge und Krater auf dem Mond zu erkennen. Er veröffentlichte seine Skizzen im „Sidereus Nuncius", dem „Sternenboten".

Thomas Harriot und Galileo Galilei verwendeten frühe Teleskope, die nur ein kleines Sichtfeld besaßen, das heißt, dass man damit nur einen kleinen Bereich des Mondes sehen konnte – dadurch werden ihre Arbeiten umso eindrucksvoller.

Eine der ersten wirklichen Karten des Mondes wurde in 1645 von dem niederländischen Astronomen Michael Florent von Langren erstellt. Er verwendete ebenfalls ein Teleskop und war der erste, der den dunklen und hellen Stellen des Mondes Namen gab. Die hellen Bereiche nannte er *terra* (was so viel bedeutet wie Land), die dunklen Bereiche nannte er *mare* (Meer). Darüber hinaus benannte er einige Krater nach königlichen Hoheiten sowie berühmten Astronomen und Mathematikern.

Im Jahr 1647 veröffentlichte der deutsche Astronom Johannes Hevelius sein großes Werk „Selenographia", das als erster vollständiger Mondatlas gilt. Er baute sogar ein eigenes Observatorium auf dem Dach seines Hauses! Sein Werk hat viele europäische Astronomen der damaligen Zeit stark beeinflusst, und der Atlas wurde für über 100 Jahre als das Standard-Referenzbuch verwendet.

Johannes Hevelius gab den Bergen, Meeren und Kratern auf dem Mond viele neue Namen, dabei verwendete er auch einige von der Erde, zum Beispiel die Alpen. Einige der Bezeichnungen blieben bis heute erhalten, aber die meisten wurden durch das Namenssystem des italienischen Astronomen Giovanni Riccioli ersetzt. Dies veröffentlichte er 1651 in seinem Buch „Almagestum Novum". Einer der bekanntesten Begriffe von Riccioli ist „Mare Tranquillitatis" (Meer der Ruhe).

Johannes Hevelius

Bilder vom Mond

In der Folgezeit haben Astronomen und Mondkartenersteller noch weitere Namen für die Berge, Meere und Krater des Mondes hinzugefügt. Im Jahr 1791 veröffentlichte der deutsche Sternforscher Johann Schröter eine detaillierte Mondkarte in seinem Buch: „Selenotopographische Fragmente zur genauen Kenntnis der Mondfläche". Er entdeckte 1787 das größte gewundene Tal auf dem Mond. Es heißt daher „Vallis Schröter", aber den Eingang nennt man „Kopf der Kobra", weil er dem Kopf einer Schlange ähnelt!

Die erste Karte

Die erste genaue Mondkarte hieß „Mappa Selenographica" und wurde in vier Bänden zwischen 1834 und 1836 veröffentlicht. Der reiche deutsche Bankier Wilhelm Beer und der deutsche Astronom Johann Heinrich von Mädler hatten sie gemeinsam erstellt. Beide kamen zu dem Schluss, dass es auf dem Mond keine Atmosphäre und kein Wasser gäbe (was sich später als falsch herausstellte).

Die erste Fotografie

Aber nicht nur die Teleskope hinterließen damals einen bleibenden Eindruck. Im Jahr 1839 hat der französische Erfinder Louis Daguerre die erste Fotografie vom Mond aufgenommen – dazu verwendete er seine Daguerreotypie (einen Prozess, bei dem ein Bild auf einer versilberten Kupferplatte aufgenommen wird). Unglücklicherweise brannte wenige Monate später sein gesamtes Labor nieder, wobei auch diese historische Aufnahme vernichtet wurde. 1840 gelang es dann John William Draper, einem englisch-amerikanischen Wissenschaftler, eine Daguerreotypie vom Mond aufzunehmen. Dies ist die erste detaillierte Fotografie vom Mond, die wir kennen.

Riesige Teleskope

Im September 1959 wurde die Luna-2-Mission mithilfe des riesigen Lovell-Teleskops – eine enorme weiße Schüssel mit einem Durchmesser von 76,2 m – verfolgt und man konnte wissenschaftlich nachweisen, dass die Sonde erfolgreich auf dem Mond abgestürzt war. Dieses Teleskop gehört zur englischen Sternwarte „Jodrell Bank Observatory" in Manchester, von wo bereits die ersten Raumsonden zu Beginn des Raumfahrtzeitalters beobachtet wurden.

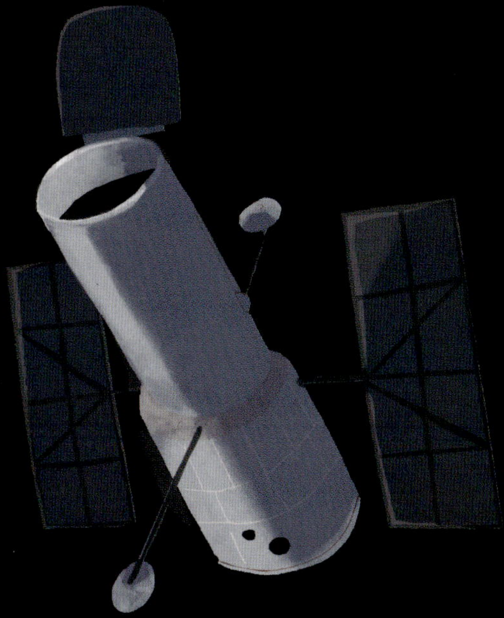

Teleskope gibt es nicht nur auf der Erde! Einige von ihnen befinden sich auch im All und umrunden die Erde, wie zum Beispiel das „Hubble Space Telescope“ der NASA, das 1990 in die Erdumlaufbahn geschossen wurde. Mit ihm wurden einige der exaktesten Aufnahmen des Weltalls überhaupt gemacht.

In der Vergangenheit hat die NASA das Hubble-Teleskop überwiegend dazu eingesetzt, um nach Sauerstoffvorkommen auf dem Mond zu suchen. Da Sauerstoff ein Grundbaustein für das Leben ist, wollte man wissen, ob Menschen eventuell auf dem Mond leben könnten. Das Teleskop verwendet ultraviolettes Licht und findet damit Sauerstoff, der aus dem Boden gewonnen werden kann. Und es gibt tatsächlich Sauerstoff in den Felsen und im Boden des Mondes, den man zum Atmen und als Raketenbrennstoff verwenden könnte. Da die ultravioletten Strahlen durch Gase in unserer Atmosphäre blockiert werden, können wir leider keine Teleskope auf der Erde einsetzen, um die Oberfläche des Mondes so zu untersuchen.

KAPITEL **NEUN**

Der Mond heute

Der Mond ist nicht mehr der Jüngste

Er ist bereits 4,5 Milliarden Jahre alt – wie geht es also dem betagten Mond da oben am Himmel?

Ob Ihr es glaubt oder nicht, aber Wissenschaftler haben tatsächlich Falten auf der Mondoberfläche entdeckt. Diese Falten, „gelappte Abhänge" genannt, sind Klippen, die in der Mondkruste entstanden sind. Man entdeckte die Klippen, als ein Team sehr genaue Aufnahmen der NASA-Mondsonde „Lunar Reconnaissance Orbiter" (LRO) studierte, die diese in der Mondumlaufbahn geschossen hatte.

Astronomen sind der Auffassung, dass die Klippen entstanden sind, weil der Mond schrumpft (sie glauben, dass er bereits 200 m an Durchmesser verloren hat). Bei seiner Entstehung besaß der Mond einen sehr heißen Kern, ähnlich dem der Erde, wodurch er sich zunächst ausdehnte und dann beim Abkühlen wieder schrumpfte. Neuere Forschungen zeigen, dass der Mond sich eventuell immer noch abkühlt und daher weiter schrumpft …

Der LRO hat außerdem vierzehn neue Klippen geortet. Die Aufnahmen waren derart klar und zeigten keinerlei Krater, dass die Wissenschaftler glauben, sie könnten nicht mehr als eine Milliarde Jahre alt sein – oder sogar nur Hundert Millionen Jahre. Das klingt vielleicht sehr alt, aber das ist weniger als ein Viertel des Mondalters und damit eigentlich ziemlich jung!

Die höchste Klippe ist 90 m hoch und hat eine Länge von mehreren Kilometern, die meisten sind jedoch eher niedrig und kurz. Viele der Klippen sind halbkreisförmig oder sehen aus wie Lappen, daher bezeichnet man sie als „gelappte Abhänge".

Auf dem Mond wurden von der Apollo-Mission Seismografen zurückgelassen, die etliche Mondbeben aufgezeichnet haben. Man glaubt, dass die meisten davon durch den Temperaturwechsel von Tag zu Nacht, die Anziehungskraft der Erde oder Einschläge von Meteoriten oder Asteroiden verursacht wurden. Einige Wissenschaftler sind jedoch der Meinung, dass Mondbeben auch durch die Bildung der Abhänge entstehen – den Falten des Mondes!

In Bewegung

Wusstet Ihr, dass sich der Mond immer weiter von der Erde entfernt? Jedes Jahr sind es ungefähr 3,78 cm – das ist etwa die gleiche „Geschwindigkeit“, mit der unsere Fingernägel wachsen.

Man vermutet, dass der Mond sich bei seiner Entstehung viel näher an der Erde befand – nur etwa 22.500 km entfernt. Wenn man das mit der heutigen durchschnittlichen Entfernung des Mondes von der Erde vergleicht – die ungefähr 384.400 km beträgt – dann sehen wir, wie weit er sich bereits von uns weg bewegt hat …

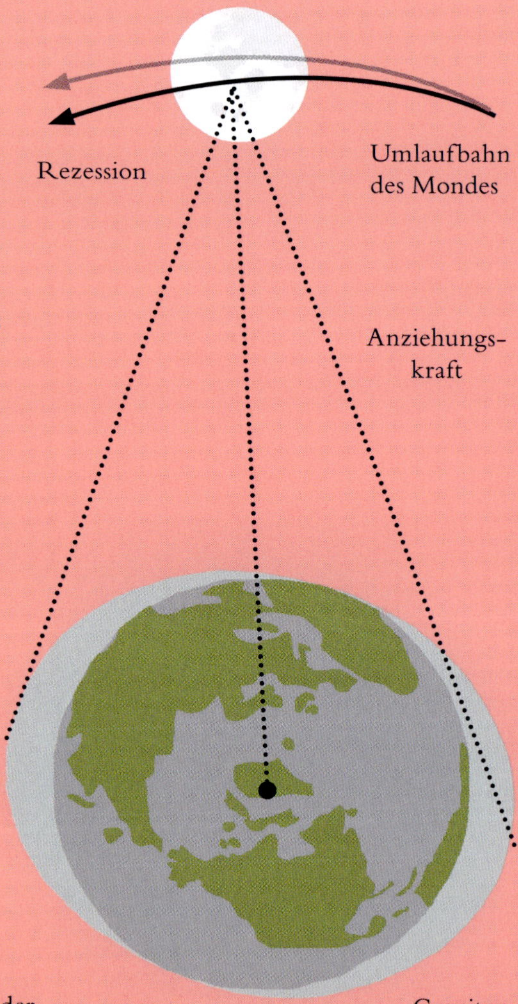

Warum bewegt sich der Mond?

Das liegt hauptsächlich an den Gezeiten auf der Erde. Wir wissen, dass der Mond durch die Erdanziehung in unserem Orbit bleibt, und dass der Mond ebenfalls eine Anziehung auf die Erde ausübt, durch die die Gezeiten oder der Gezeitenwulst entstehen.

Da sich die Erde aber schneller um ihre eigene Achse dreht (einmal in 24 Stunden) als der Mond die Erde umrundet (einmal in 27,32 Tagen), versucht der Gezeitenwulst, den Mond zu „beschleunigen“, indem er ihn vor sich herzieht. Dadurch gelangt der Mond in eine höhere Umlaufbahn und entfernt sich von der Erde. Diesen Prozess bezeichnen wir als Rezession.

Man kann das mit einem Karussell vergleichen. Je schneller sich das Karussell dreht, desto mehr wird man nach außen gedrückt. Gleichzeitig aber zieht der Mond auch am Gezeitenwulst der Erde, wodurch sich die Drehung der Erde verlangsamt.

Auswirkungen auf unser Leben auf der Erde …

Bei der Entstehung des Mondes waren die Tage auf der Erde ungefähr fünf Stunden lang. Da nun der Mond in den vergangenen 4,5 Milliarden Jahren dafür gesorgt hat, dass sich die Erde langsamer dreht, sind auch unsere Tage viel länger geworden. Stellt euch jetzt mal einen sich drehenden Teller vor, der immer langsamer wird – er fängt an zu schwanken! Wenn unsere Erde anfinge, zu schwanken, dann wäre auch die Neigung ihrer Achse davon betroffen, und dies wiederum würde unsere Jahreszeiten beeinflussen und wir bekämen dadurch eiskalte Winter und kochend heiße Sommer.

Wahrscheinlich wären wir Menschen in der Lage, uns anzupassen, aber die Tiere vermutlich nicht. Aber wer weiß – in ein paar Milliarden Jahren leben die Menschen und Tiere vielleicht eh schon auf anderen Planeten …

Auch der Mond hat sich mit der Zeit geneigt, was bedeutet, dass der Mann im Mond (wenn wir ihn von der Erde aus betrachten) früher wohl ein bisschen anders aussah als heute. Tatsächlich wird behauptet, dass er über die Erde „die Nase rümpft"!

Wissenschaftler sind der Auffassung, dass diese kleine Positionsänderung vor Milliarden von Jahren durch vulkanische Aktivitäten im Mondmantel (der tiefen Lage von Gestein unter der Kruste) entstanden ist. Der Mantel hat sich erhitzt, wodurch er sich ausdehnte und seine Dichte (oder Festigkeit) abnahm, während die Lava aus der Oberfläche hervorbrach – stellt Euch einen Fußball vor, aus dem Ihr ein Stück herausnehmt, und dann beobachtet die Änderung in seiner Drehung in der Luft. Die veränderte Neigung des Mondes hatte auch Auswirkungen auf seinen Nord- und Südpol – sie verschoben sich, weil das Sonnenlicht nun mit einem veränderten Winkel auftraf, wodurch die älteren Pole wegschmolzen.

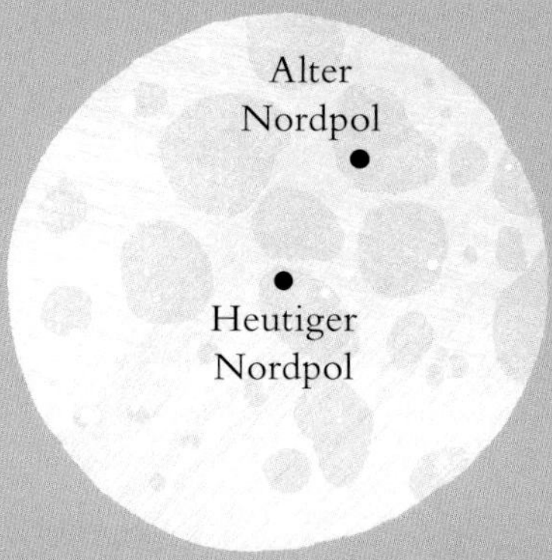

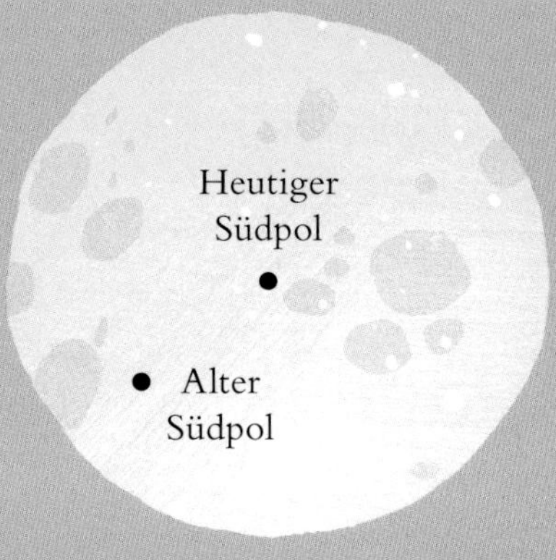

Die Forschungen gehen weiter

Die Menschheit scheint weiterhin vom Mond fasziniert zu sein. Auch wenn ihn seit den Apollo-Missionen niemand mehr betreten hat, so führen viele Länder ihre Programme zur weiteren Erforschung fort – und man hofft, dass man irgendwann wieder Menschen dorthin schicken wird, die eventuell sogar dort leben werden …

Die Europäische Weltraumorganisation ESA ist eine internationale Behörde, die sich der Erforschung des Weltraums widmet. Sie besteht aus 22 Mitgliedsstaaten, darunter Frankreich, Deutschland, Italien und Großbritannien. Die Organisation hat SMART-1 am 27. September 2003 gestartet und in eine Umlaufbahn um den Mond geschickt – das war ihre erste Mond-Mission, die bis zum 3. September 2006 dauerte. Ziel war es, neue Technologien zu testen und den Ursprung des Mondes zu untersuchen, seine vulkanische Aktivität und ein mögliches Vorkommen von Eis.

Die ESA hat 2001 ihr Aurora-Programm ins Leben gerufen. Damit wollte man die bemannte Raumfahrt weiterentwickeln, um Monde und Planeten dahingehend zu erforschen, ob man irgendwann dort leben könnte. Die ESA hat auch vorgeschlagen, dass man Menschen 2025 zum Mars schicken und dabei den Mond als Zwischenstation benutzen könnte.

Am 14. September 2007 hat die Japan Aerospace Exploration Agency (JAXA) ihren unbemannten Mondorbiter „Kaguya“ (benannt nach einer Mondprinzessin aus der japanischen Legende) ins All geschickt. Die Mission nannte man SELENE und es war die größte Mondmission seit den Apollo-Programmen. Der Orbiter sammelte Daten über den Ursprung des Mondes und wie der Mond sich über die Jahre verändert hatte, am 10. Juni 2009 schlug er dann auf der Mondoberfläche auf. Zu der Mission gehörten auch zwei Zwergsatelliten („Okina“ und „Ouna“ – ebenfalls benannt nach Figuren aus der Legende). Die Aufgabe der beiden war das Kartographieren des Gravitationsfeldes des Mondes.

Die JAXA plant, 2019 ihr erstes unbemanntes Raumschiff auf dem Mond zu landen. SLIM (Smart Lander for Investigating Moon = schlauer Lander zur Monderforschung) wird in der Lage sein, genauestens zu berechnen, wo er landet, denn er kann Mondkrater erkennen, dazu verwendet er dieselbe Technologie wie Gesichtserkennungsprogramme. Die Japaner hoffen, dass sie mit den Sonden herausfinden können, welche Materialien man auf dem Mond verwenden kann und wie die Umwelt aufgebaut ist. Dies soll als Grundlage für künftige bemannte Missionen ab 2025 verwendet werden.

CLEP

Das „Chinese Lunar Exploration Programme“ (CLEP) oder auch Chang’e-Programm (benannt nach der chinesischen Mondgöttin) bezeichnet eine Reihe von Roboter-Mondmissionen der China National Space Administration (CNSA), der chinesischen Raumfahrtbehörde. Zu dem Programm gehören Mondorbiter, Lander und Rover sowie ein Raumschiff, das mit Proben vom Mond zurückgekehrt ist. Es begann am 24. Oktober 2007 mit dem Start des ersten unbemannten Mondorbiters der Chinesen, Chang’e 1.

Chang’e 1 hat die wohl detaillierteste Karte der Mondoberfläche in 3D erstellt. Man ließ den Orbiter am 1. März 2009 kontrolliert auf die Oberfläche abstürzen. Zur unbemannten Chang’e-3-Mission gehörten ein Roboter-Lander und Chinas erster Mondrover. Sie landeten am 14. Dezember 2013 auf dem Mond – es war das erste Raumschiff seit der sowjetischen Luna 24 1976, dem eine weiche Landung auf dem Mond gelang.

Das Logo von CLEP sieht aus wie eine Mondsichel um zwei menschliche Fußabdrücke – es repräsentiert das eigentliche Ziel des Programms: Man möchte Menschen auf den Mond bringen, wenn möglich zwischen 2025 und 2030.

中国探月

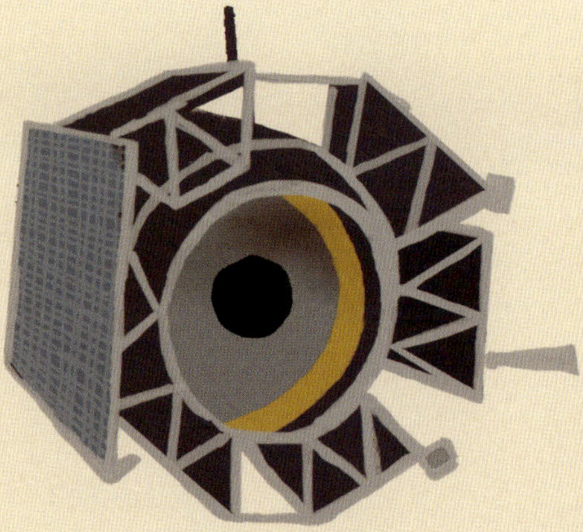

ISRO

Am 22. Oktober 2008 hat die Indian Space Research Organisation (ISRO), die Raumfahrtbehörde Indiens, ihre erste Mission gestartet: Chandrayaan-1 flog mit einem unbemannten Mondorbiter und einer Aufprallsonde. Chandrayaan-1 war die erste Mondmission, mit der offiziell Wasser auf der Oberfläche des Mondes nachgewiesen werden konnte.

Chandrayaan-1 hatte auch einige Instrumente der NASA an Bord, mit deren Hilfe das Wasser entdeckt wurde, es befindet sich überwiegend am Nord- und Südpol des Mondes. Man fand darüber hinaus noch flächendeckend Wasser auf dem Mond, denn im Mondboden ließen sich Wassermoleküle nachweisen. Diese Erkenntnisse sind äußerst wertvoll, denn sie beweisen, dass Menschen tatsächlich eines Tages auf dem Mond überleben könnten und dass man dort menschliche Behausungen bauen könnte.

LCROSS

Im Juni 2009 schickte die NASA eine Raumsonde, den „Lunar Crater Observation and Sensing Satellite“ (LCROSS), zum Mond, um die Entdeckungen von Wasser durch Chandrayaan-1 zu vertiefen. Die Sonde wurde zusammen mit dem „Lunar Reconnaissance Obiter (LRO)“ gestartet und konnte offiziell bestätigen, dass es im südlichen Mondkrater „Cabeus“ Wasser gibt. Die Ergebnisse dieser Mission werden vermutlich eines Tages dazu führen, dass die Vereinigten Staaten Kolonien auf dem Mond errichten …

Und auch die Russen scheinen ihren Plan, Menschen zum Mond zu schicken, noch nicht ganz aufgegeben zu haben … Offensichtlich ist der Bau einer Rakete „Ryov“ in Planung, mit der Astronauten von der Internationalen Raumstation ISS zum Mond transportiert werden sollen – oder sogar zum Mars. Man hofft, bis 2029 so weit zu sein.

KAPITEL **ZEHN**

Der Mond in der Zukunft

Leben auf dem Mond ...

Wir machen zwar ständig weitere Fortschritte in der Technologie, dennoch mehren sich die Bedenken, wie es um die Zukunft des Menschen auf dem Planeten Erde bestellt ist (vor allem wegen des Klimawandels und der Verknappung vieler Ressourcen). Daher ist die Idee, menschliche Kolonien auf dem Mond einzurichten, vielleicht gar nicht so dumm.

Die NASA denkt, dass dies sogar schon bis zum Jahr 2022 möglich sein könnte, oder dass es bis dahin wenigstens eine erste Mondbasis geben wird, in der bis zu zehn Menschen leben werden. Und in den folgenden zehn Jahren soll dann eine Siedlung für 100 Menschen gebaut werden. Warten wir es ab ...

Aus Kostengründen sind seit 1969 keine Menschen mehr auf dem Mond gelandet (das Apollo-Programm würde heute etwa 150 Milliarden US-Dollar kosten). Die NASA glaubt jedoch, dass es möglich ist, eine kleine Gruppe Astronauten für nur 10 Milliarden US-Dollar zum Mond zu schicken und dort eine dauerhafte Mondbasis für etwa 40 Milliarden US-Dollar zu errichten.

Aber wie soll das gehen?

Viele der erforderlichen Technologien gibt es bereits auf der Internationalen Raumstation ISS und auf der Erde.

Die ISS umkreist die Erde und ist die größte gemeinsame Unternehmung in Wissenschaft und Technik zwischen europäischen Ländern (vertreten durch die ESA), den Vereinigten Staaten (NASA), Japan (JAXA), Kanada (CSA) und Russland (Roskosmos).

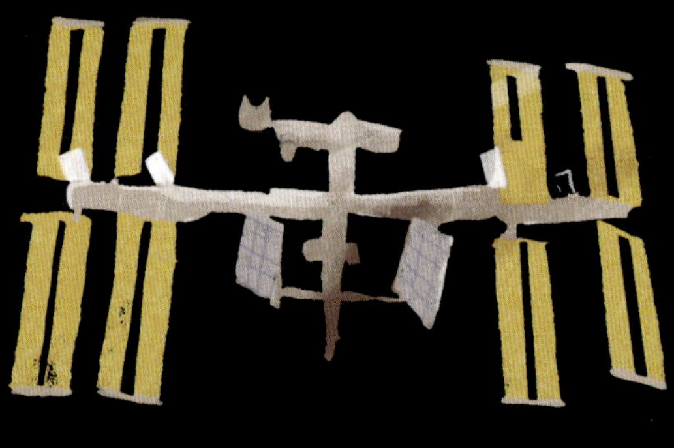

Für ein Leben auf dem Mond könnte man selbstfahrende Autos und grüne Toilettentechnik (die Abwasser in Dünger verwandelt) entsprechend anpassen, denn das gibt es bereits auf der Erde. Überwachungsroboter würden dann den perfekten Ort für eine Mondbasis ausfindig machen, indem sie die Oberfläche und die verfügbaren Ressourcen analysieren. Darüber hinaus könnte man die auf der ISS vorhandenen Wasser- und Luftrecycling-Systeme weiterverwenden, die bereits jetzt die Astronauten dort am Leben erhalten.

Man könnte die erste Mondbasis mit Robotern und 3D-Druckern bauen. Die Roboter würden die Basis aus Mondboden errichten und sich dabei an einem dreidimensionalen, digitalen Modell orientieren. Eine andere Option wären aufblasbare Unterkünfte oder Zelte.

Außerdem wird geplant, Pflanzen auf der Mondbasis zu ziehen, diese sollen in Sand oder Kies wachsen und mit Ausscheidungen von Tilapia-Fischen (die normalerweise in leicht salzigem Wasser leben) gedüngt werden!

Falls die Mondbasis auch mit wirtschaftlichen Aktivitäten verbunden werden soll, könnten die Gewinne daraus wieder in die Mission zurückfließen. Man könnte beispielsweise Treibgas fördern (eine chemische Substanz, die im Eis an den Mondpolen vorkommt und als Raketenantrieb verwendet werden kann). Diesen Treibstoff könnte man an andere Raumfahrtbehörden verkaufen, die damit künftige Missionen und Flüge zum Mars unternehmen. Daher wäre der ideale Standort für eine Mondbasis an einem der Mondpole – ähnlich der US Antarctic Station (Amundsen-Scott-Südpolstation) auf dem Südpol.

Die wichtigste Ressource auf dem Mond ist jedoch das Sonnenlicht und die damit verbundene Solarenergie! Die Solarpaneele auf der Erde sind dem Wetter ausgesetzt und können nachts keinen Strom erzeugen, wohingegen Solarkollektoren im Orbit um den Mond den ganzen Tag Sonnenenergie sammeln könnten. Es gibt Wissenschaftler, die glauben, dass die Solarpaneele tatsächlich in Fabriken auf dem Mond hergestellt werden könnten, aus den Rohstoffen des Mondes. Wenn man diesen Strom verkaufen könnte, würde dies einen bedeutenden Teil der Kosten der Mondbasis erstatten. Es gibt Pläne, dass sich die Kollektoren sogar selbst vervielfältigen können, man würde sie dann in die Umlaufbahn der Erde schicken, wo wir alle vom Strom und der Energie profitieren könnten!

Viele Leute in der Raumfahrtindustrie sind der Überzeugung, dass der Bau einer Mondbasis der erste wichtige Schritt in Richtung künftige, bemannte Missionen zum Mars sein wird. Mithilfe einer Mondbasis könnten Wissenschaftler ihre Forschungen betreiben und neue Technologien testen, bevor man eine solche Mission startet …

Letzte Gedanken

über einen staubigen, leblosen Himmelskörper ...

So viel haben wir in diesem Buch über den Mond erfahren. Für die meisten von uns ist der Mond etwas Magisches und Geheimnisvolles, und so werden die Menschen auch in Zukunft danach streben, ihn zu verstehen, zu erforschen und vielleicht eines Tages dort zu leben ...

Der Mond hat in den verschiedensten Kulturen auf der ganzen Welt die unterschiedlichsten Rollen gespielt ... Er stand bei Kunst und Architektur im Fokus, war Thema in Liedern, Gedichten und Literatur, er spielte die Hauptrolle auf der Bühne und im Film – die Mondlandung wurde live im Fernsehen übertragen! Es gibt unzählige Mythen und Legenden über den Mann im Mond und den Mondhasen. Man hat ihn sogar als Gott verehrt!

Der Mond hat darüber hinaus Science-Fiction-Geschichten inspiriert, die dann wiederum unser wirkliches Leben beeinflusst haben, zum Beispiel die Entwicklung von Raketen. Daraus resultierte ein gewaltiger Wettlauf im Weltall zwischen einigen der mächtigsten und größten Nationen der Erde. Der Mond stand in Zentrum von Debatten, Diskussionen und Streitigkeiten.

In gleichem Maße wie sich der Mond vor unseren Augen zu verändern scheint, unterliegt er auch unseren sich ändernden Ansichten. Auf der einen Seite steht er als Symbol für Geburt und Erneuerung, auf der anderen Seite machen wir ihn für das unberechenbare Verhalten von Menschen verantwortlich, für Krankheit oder sogar Tod. Es gibt sogar Menschen, die überhaupt nicht an ihn glauben und behaupten, er sei bloß ein Hologramm ...

Wir denken, der Mond habe eine dunkle, geheimnisvolle Seite, obwohl seine dunkle Seite gar nicht so dunkel ist. Eigentlich ist der Mond ein sehr wichtiges Hilfsmittel, denn er hält unsere Erde in genau dem richtigen Winkel und sorgt für die Gezeiten in unseren Ozeanen – dadurch erst sind wir in der Lage, unsere Zeit und Kalender einzuteilen, und auch die Tiere können so ihre biologische Uhr einstellen.

Ganz früher betrachteten wir ihn als himmlisch und perfekt, doch schon mit dem Teleskop wurde so manches klarer. Vor allem Wissenschaftler und Denker haben viele Teile zu diesem Puzzle beigetragen und deckten zahlreiche verborgene Wahrheiten auf. Möglicherweise sind sie es ja, die den Mond im richtigen Licht beleuchtet haben?

Die Menschen haben eine Unmenge von Gegenständen auf den Mond geschickt: harte Lander, weiche Lander, Orbiter, Raketen, Rover, bemannt und unbemannt – sie haben Proben genommen und den Mond analysiert. Mutige Astronauten haben dabei ihr Leben gelassen, Tiere wurden geopfert und sehr viel Geld wurde für die Forschungen ausgegeben … und dies alles im Namen der Wissenschaft.

Der Mond ist unser nächster Nachbar im Sonnensystem, und manche glauben, er sei aus Teilen der Erde entstanden. Doch unser eigener Planet ist genauso magisch … Wenn Ihr auf der erdnahen Seite des Mondes stehen würdet, könntet Ihr unsere Erde ebenso wie den Mond mit verschiedenen Phasen zu- und abnehmen sehen.

Vielleicht ist es ja so, dass wir oft nur die Schönheit der weit entfernten Dinge schätzen und gar nicht die Magie dessen sehen, was sich direkt vor unserer Nase befindet …

„Wir haben diesen weiten Weg zurückgelegt, um den Mond zu erforschen, und das Wichtigste ist, dass wir die Erde entdeckt haben."

– Astronaut William „Bill" Anders (Apollo 8)

Fachbegriffe – von A bis Z

Abnehmend Die Zeit, wenn der sichtbare Teil des Mondes am Nachthimmel kleiner wird

Achse Eine gedachte Linie, um die sich ein Körper dreht

Anziehungskraft Kraft, die etwas in Richtung Erdmittelpunkt zieht oder zu einem physischen Körper, der eine Masse besitzt

Apokalypse Das Ende der Welt

Äquinoktium Tag und Nacht sind an zwei Tagen im Jahr gleich lang

Asteroid Kleiner Gesteinsbrocken, der die Sonne umkreist

Astrononaut Person, die für Reisen ins Weltall ausgebildet wird

Astronom Mensch, der das Weltall erforscht

Atmosphäre Mischung aus Gasen, die unsere Erde (oder einen anderen Planeten) umgibt

Augen hier: Sehpunkte an den Schwänzen der Palolowürmer

Circalunar Etwas, das monatlich geschieht

Dekompression Anreicherung von Gas im Blut

Einschiebung Zusätzliche Zeit wird in den Kalender eingebaut

Eklipse Auch Finsternis: wenn das Licht von einem Himmelskörper zum anderen durch einen weiteren dazwischen blockiert wird

Epilepsie Krankheit, die das Gehirn betrifft und Krampfanfälle auslöst

Erdschein Wenn das von der Erde reflektierte Sonnenlicht den dunkleren Teil der Mondsichel beleuchtet

Erleuchtung Der höchste Geisteszustand, vor allem in der buddhistischen Religion, ein Zustand großer Erkenntnis und Weisheit

Fossil Die Überreste einer prähistorischen Pflanze oder eines Tieres, die in Stein konserviert sind

Gelappter Abhang Eine Klippe, die sich auf der Mondkruste gebildet hat

Geologe Jemand, der die Geschichte der Erde anhand von Steinen studiert hat

Geschmolzen Etwas, das durch Hitze flüssig gemacht wurde

Himmelskörper Ein Objekt außerhalb der Erdatmosphäre (wie Mond, Sonne oder Sterne)

Kosmonaut Ein russischer (früher sowjetischer) Astronaut

Libration des Mondes Der Mond bewegt sich leicht vor und zurück und zeigt sich uns dadurch in einem geringfügig veränderten Winkel

Lunar Etwas, das sich auf den Mond bezieht

Lunisolar Etwas, das mit Sonne und Mond zu tun hat

Maria Lavafelder auf der Mondoberfläche

Melatonin Ein Hormon, das der Körper nachts, wenn es dunkel ist, freisetzt

Meteorit Ein kleiner Felsbrocken im Weltall

Mondbeben Erschütterungen auf der Mondoberfläche

Naturforscher Jemand, der sich mit Naturgeschichte beschäftigt

Nipp Eine Flut direkt nach dem ersten / dritten Viertel des Mondes, wenn der Unterschied zwischen Niedrig- und Hochwasser am geringsten ist

Orakel Jemand, der Ratschläge geben kann oder eine Prophezeiung der Götter

Orbit oder auch Umlaufbahn: der regelmäßige Kurs eines Himmelskörpers oder eines Raumschiffs um einen Stern oder Planeten

Österlicher Vollmond Der erste Vollmond am oder nach dem 21. März

Quarantäne Zustand oder Ort der Isolation für Tiere oder Menschen, die ansteckenden Krankheiten ausgesetzt waren, um eine Ausbreitung der Infektion zu verhindern

Retrograder Orbit Eine Umlaufbahn im Uhrzeigersinn (normalerweise drehen sich Dinge gegen den Uhrzeigersinn)

Seismograf Ein Instrument, mit dem man Erdbeben messen und aufzeichnen kann

Solar Etwas, das sich auf die Sonne bezieht

Sonnensystem Eine Gruppe von Planeten und ihren Monden, die die Sonne umkreisen

Strahlung Energie, die bei einer nuklearen Reaktion entsteht

Strahlungsgürtel Bereich, in dem geladene Teilchen vom Magnetfeld der Erde eingefangen werden

Teleskop Ein Instrument, mit dem man entfernte Dinge ganz nah sehen kann

Ultraviolett Eine Art kurzwelliges Licht, das auf der Sonne entsteht

Verjüngung Wiederherstellung von Jugend und Vitalität

Vorbeiflug-Sonde Eine Sonde, die nah an einem Planeten vorbei geschickt wird und Daten aufzeichnet

Zirkadian Etwas, das täglich passiert

Zunehmend Die Zeit, wenn der sichtbare Teil des Mondes am Nachthimmel größer wird

Personenverzeichnis

Buzz Aldrin (1930 –) Astronaut der Apollo 13

Anaxagoras (geboren ca. 510 v. Chr.) Philosoph

William 'Bill' Anders (1933–) Astronaut

Ludovico Ariosto (1474–1533) Dichter

Aristarchus of Samos (3. Jhd. v. Chr.) griechischer Astronom

Neil Armstrong (1930–2012) erster Astronaut, der auf dem Mond spazieren ging

Jerome Beatty Jr. (1916–2002) Schriftsteller

Wilhelm Beer (1797–1850) Hobby-Sternforscher

Tycho Brahe (1546–1601) Astronom und Schriftsteller

Wernher von Braun (1912–1977) Raumfahrtingenieur

M. Scott Carpenter (1925–2013) Astronaut bei Projekt Mercury

Arthur C. Clarke (1917–2008) Schriftsteller

Michael Collins (1930–) Astronaut der Apollo 13

Christopher Columbus (1451–1506) Seefahrer und Forscher

L. Gordon Cooper (1927–2004) Astronaut bei Projekt Mercury

Louis Daguerre (1787–1851) Künstler und Fotograf

Charles Darwin (1809–1882) Naturforscher, bekannt durch seine Evolutionstheorie

George Darwin (1845–1912) Astronom und Mathematiker

Walt Disney (1901–1966) Trickfilmzeichner und -produzent

John William Draper (1811–1882) Wissenschaftler und Fotograf

Juri Gagarin (1934–1968) erster Kosmonaut, der ins Weltall flog

Galileo Galilei (1564–1642) Wissenschaftler und Astronom

Gerald Gardner (1884–1964) Wicca-Anhänger; bekannt als „Vater der modernen Hexerei"

Sally Gardner (1954–) Kinderbuchautorin

Theodor Giesel (1904–1991) Autor; bekannt als „Dr. Seuss"

John Glenn (1921–2016) Astronaut bei Projekt Mercury

Robert H. Goddard (1882–1945) ngenieur und Erfinder

Virgil I. 'Gus' Grissom (1926–1967) Astronaut bei Projekt Mercury

Asaph Hall (1829–1907) Astronom

Thomas Harriot (1560–1621) Astronom und Mathematiker

Johannes Hevelius (1611–1687) Astronom

Moon Hoon (1968–) Architekt

John F. Kennedy (1917–1963)
35. Präsident der Vereinigten Staaten
Johannes Keppler (1571–1630)
Astronom und Mathematiker
Sergei Korolev (1907–1966)
Ingenieur für Raketenbau

Fritz Lang (1890–1976)
Filmemacher
William Lassell (1799–1880)
Astronom
Alexey Leonov (1934–)
Kosmonaut
Henry Wadsworth Longfellow (1807–1882) Dichter und Erzieher

Georges Méliès (1861–1938)
Zauberkünstler und Filmemacher
Dr Charles Muses (1919–2000)
Philosoph

Sir Isaac Newton (1643–1727)
Wissenschaftler, der das Gesetz der Schwerkraft entdeckte
Richard M. Nixon (1913–1994)
37. Präsident der Vereinigten Staaten

George Pal (1908–1980)
Regisseur und Filmproduzent
Irving Pichel (1891–1954)
Schauspieler und Regisseur

Georges Remi (1907–1983)
Comiczeichner, bekannt als „Hergé"
Giovanni Riccioli (1598–1671)
Astronom

Walter Schirra (1923–2007)
Astronaut bei Projekt Mercury
Johann Schröter (1745–1816)
Astronom
William Shakespeare (1564–1616)
Dramatiker und Schauspieler
Alan Shepard (1923–1998)
Astronaut bei Projekt Mercury
Donald 'Deke' Slayton (1924–1993)
Astronaut bei Projekt Mercury

Valentina Tereschkowa (1937–)
erste weibliche Kosmonautin im Weltall
Konstantin Tsiolkovsky (1857–1935) Raketenwissenschaftler

Harold Urey (1893–1981)
US-amerikanischer Chemiker

Jules Verne (1828–1905)
Schriftsteller

H.G. Wells (1866–1946)
Schriftsteller

360 Grad Verlag GmbH
Eichenweg 21a • D-69198 Schriesheim
www.360grad-verlag.de
www.facebook.com/360GradVerlag
Das Buch erschien im Original in englischer Sprache mit dem Titel "The Moon" 2018 in der Edition 360 Degrees bei Caterpillar Books Ltd., einem Imprint der Little Tiger Group, London/GB.
www.littletiger.co.uk

– Satz der deutschen Ausgabe: Helmut Schaffer, Hofheim a. Ts.

ISBN 978-3-96185-010-5
CPB/1800/1163/0319
Gedruckt in China

10 9 8 7 6 5 4 3 2

MIX
Papier aus verantwortungsvollen Quellen
FSC® C020056